当代医疗建筑实践

广东省城乡规划设计研究院科技集团股份有限公司　编著
广东省智慧医院工程技术研究中心

中国建筑工业出版社

本书编委会

主　　编： 邱衍庆　王　晖　黄　欣　王　蕾
名誉主编： 陈祖唐　王如荔
副 主 编： 杨剑维　吴校军　李荣彬　王庆广　黄　俊　田　甜
　　　　　　颜会间　曹胜威　李泽贤　陶礼龙

编委会办公室
主　　任： 邹恩葵　陈述今　张庆晖　张志坚
成　　员： 王燕燕　何　龙　张启铭　呼书杰　何　江　范海波
　　　　　　庄　洁　邬明初　王志超　宋建梅　吴嘉杰　区文谦
　　　　　　郭国恒　黄元璞　李正茂　任俊安　邓文晴　彭　程
　　　　　　陈　卓　唐炎潮　韩小莹　焦振宇　田小霞　刘　兵
　　　　　　何　熹　吕志刚　张浩远　苏　伟　吴小虎　孙恩泽
　　　　　　丰　燕　何佳泽　方习娇　朱文鑫　尹智毅　王德霖
　　　　　　何　洁　刁晨莹　谢茵蓓　卢致仙

前言

■ 十年筑医·智启新程

距离我司主编上一版《医疗建筑设计实例》整整十年。十年光阴流转，时代浪潮奔涌。在医疗健康事业与城乡建设发展交织共振的宏大叙事中，我们以设计为笔，以人文为墨，在这非凡十年间，绘就了一幅医疗建筑设计与时代需求同频共振的壮阔图景。

■ 十年深耕，回应时代命题

过去的十年，是中国医疗体系深刻变革的十年。新型城镇化加速推进、公共卫生事件频发、人民健康需求升级，对医疗建筑提出了前所未有的挑战。我们始终以"问题导向"与"前瞻思维"双轮驱动，将医疗建筑视为"生命守护的容器"与"城市更新的触媒"。从国家区域医疗中心到社区卫生院，从传染病应急医院到医养结合综合体，每一件作品皆是对"平急结合""分级诊疗""智慧医疗"等时代命题的精准回应。

■ 立足南粤，织就跨域健康经纬

作为扎根广东的设计力量，我们以粤港澳大湾区为原点，将"广东经验"淬炼为服务全国的范式。在珠三角：广东省中医院、广州中医药大学附属医院和广州药科大学附属医院秉持"一切为了病人，为了病人的一切"的设计理念；在粤东：梅州妇幼保健院、蕉岭人民医院、蕉岭中医院体现客家文化符号与现代医疗功能交融；在粤西：颇具热带气候特色设计的湛江中医院成为城市中心区医院改扩建的典范；在粤北：南雄县域医共体模式激活基层服务网络。深度参与广西医疗建筑发展，贵港、玉林、桂平人民医院的建设显著提升了广西区域医疗服务能力，优化了医疗资源布局，有效缓解基层群众"看病难"问题。新疆第一个国家科技示范性工程喀什地区第一人民医院门诊楼、喀什地区广州新城院区、南疆（喀什）国家区域医疗中心等一系列项目的建成对提升南疆医疗水平，构建辐射中亚的健康枢纽，推动边疆医疗资源均衡发展有非常积极的意义。

十年间，我们的足迹跨越山海，以设计为纽带，将大湾区的前沿理念注入西部振兴与边疆发展的脉络，织就一张覆盖东西、联动城乡的健康网络。

■ 智启未来，科技重构医疗场景

站在时代新的节点，科技已成为重塑医疗建筑的核心动能，"智慧医院""零碳医院"是未来的医院发展的方向，医院不再是冰冷的机器容器，而是"有感知的生命体"：我们以BIM+物联网构建"数字孪生医院"，实现从设计、施工到运维的全周期智慧管控；我们探索虚拟与现实交织的诊疗场景、可自我演进的弹性院区、深度嵌入城市智慧大脑的健康数据枢纽。

十年作品，是一部用砖石写就的民生答卷，更是一曲以匠心谱写的生命赞歌。谨以此书致敬所有为健康事业倾注智慧的同仁，献礼这个敬畏生命、追求美好的伟大时代。未来，我们继续以设计之力，融合智慧科技与绿色理念，提升城市韧性，推动公共服务升级与健康公平，用高质量作品为城市创造价值。

目录

建筑实践

广东地区

广东省中医院中医药传承创新综合楼	010
阳春京伦妇产医院	016
南雄市中医院医共体总院	024
湛江市第一中医医院	034
广州中医药大学紫合梅州医院	040
梅州市妇幼保健院和梅州市妇女儿童医院	050
梅州市蕉岭县中医医院	058
惠州市博罗县第三人民医院	066
梅州市蕉岭县人民医院	072
梅州市中医医院中医热病中心	080
云浮市郁南县中医院	088
梅州市平远县人民医院综合大楼	094
佛山市广佛云谷医院	100
佛山市第四人民医院公共卫生与应急传染病大楼	102
中国医学科学院阜外医院深圳医院三期	108
广州市萝岗红十字会医院二期	112
广东药科大学附属第一医院	116
梅州市蕉华社区医院	120
肇庆市封开县中医院住院楼	124

广西地区

桂平市人民医院江北院区传染病区	128
玉林市第一人民医院区域医疗中心业务楼	134
桂平市人民医院新门诊楼（原农机公司大楼）	140
贵港市人民医院儿科楼	146
贵港市人民医院院史展馆	152
贵港市人民医院综合住院楼	156
桂平市人民医院二门诊楼	162
贵港市人民医院第二门诊楼	166
桂平市人民医院2号住院楼	170

新疆地区

喀什地区第一人民医院门诊楼	172
中山大学附属喀什医院（国家区域医疗中心）	178
喀什地区第一人民医院疏附广州新城院区	184
喀什地区第一人民医院发热门诊综合楼	188
喀什地区第一人民医院儿科综合病房楼	192
喀什地区塔什库尔干县人民医院新院区	196
喀什地区维吾尔医院	200
喀什地区疏附县人民医院	202

其他地区

海南省琼中县中医院	204
贵州省毕节市中医院南部分院	210
毕节市第三人民医院（传染病院）建设项目	214

科研成果

医院智慧化建设研究与实践	218
智慧医院相关科研成果	223

优秀论文

医疗建筑智能化系统设计	225
基于A^2/O工艺的给排水污水处理优化试验	232
喀什地区某医院儿科业务用房的消能减震设计	237

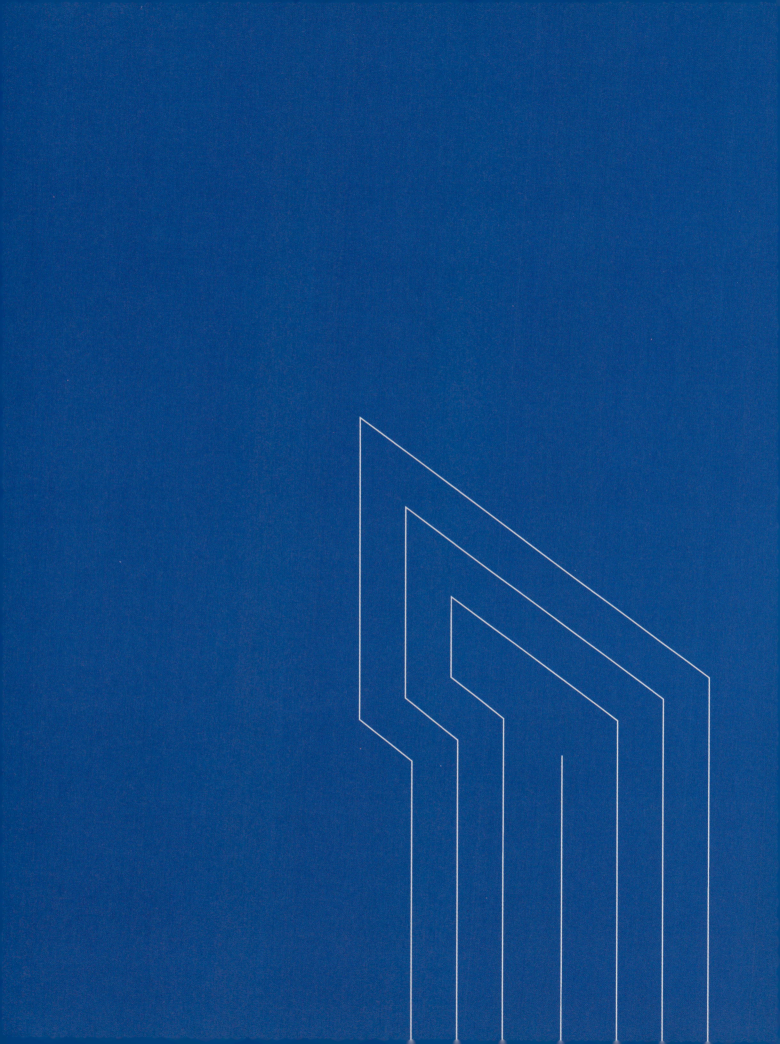

建筑实践

广东地区
广西地区
新疆地区
其他地区

广东省中医院中医药传承创新综合楼

建设地点：广州市越秀区	项目设计时间：2019年
建设单位：广东省代建项目管理局	项目建成时间：2024年
使用单位：广东省中医院	主创人员：王 晖 王 蕾 李泽贤 张启铭 卢致仙
用地面积：19249.15m²	何 龙 陈祚衡 宋建梅 何 熹 吕志刚
建筑面积：27000m²	田小霞 呼书杰 钟 健 苏 伟 谢建勇
医院等级：三级甲等	何佳泽 吴小虎 孙恩泽 吴享辉 周浩祥
	何 洁

■ 设计理念

1. 传承性与地域性

设计充分尊重现状环境因素，宏观考虑新建建筑与周边小区、公园、江面的关系。传承广东省中医院二沙岛分院园林式布局模式，避免新建建筑对现状环境产生较大破坏影响，同时重视建筑对自然采光通风和天然环保建材的使用，突出与环境、自然共生的绿色医院。

2. 人本性

项目规划建设坚持以患者为中心，借鉴国外先进医疗建筑规划设计理念，充分考虑患者需求，使患者获得规范、便捷、安全的医疗保健服务，尊重患者的身体、生理和心理需要，将人文关怀贯穿环境和医疗、护理服务的全方位、全过程，最大程度满足患者；充分考虑医务人员需求，使医务人员有较好的工作环境，以便为病患提供优质的医疗服务。

3. 功能性

规划重点考虑医院的医疗流程，以医疗程序、人流规划为主，理顺整个医院的脉络系统，并在此基础上调整功能空间。房间布局合理安排诊疗、病房、医辅、生活等区域，做到动静分区、洁污分流、上下呼应、内外相连、集分结合、方位易辨、地点易找，有利于医疗、有利于保障、有利于安全，最大限度地资源共享，减少人流、物流对患者的影响。

1	2
	3

图1：晨曦鸟瞰图
图2：全景鸟瞰图
图3：空中退台花园

图4：综合1号楼出入口
图5：综合1号楼退台
图6：地面层视角实景图
图7：景观廊道

8	9
10	11
12	13

图8：传统疗法与针灸候诊区　图9：架空层一角
图10：架空空间　图11：连廊
图12：二次候诊走廊　图13：架空连廊

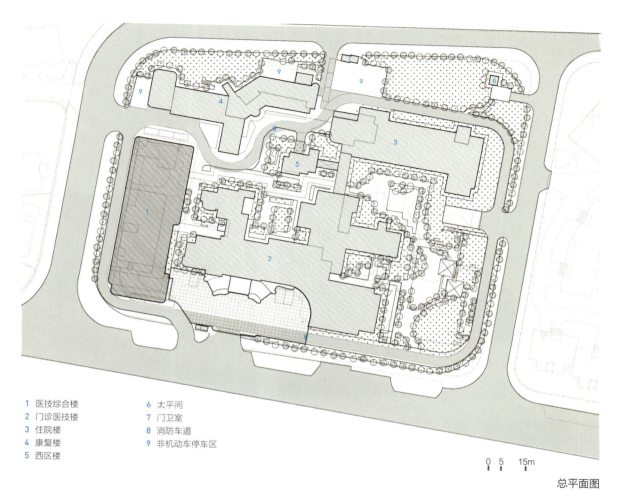

1 医技综合楼
2 门诊医技楼
3 住院楼
4 康复楼
5 西区楼
6 太平间
7 门卫室
8 消防车道
9 非机动车停车区

0　5　15m

总平面图

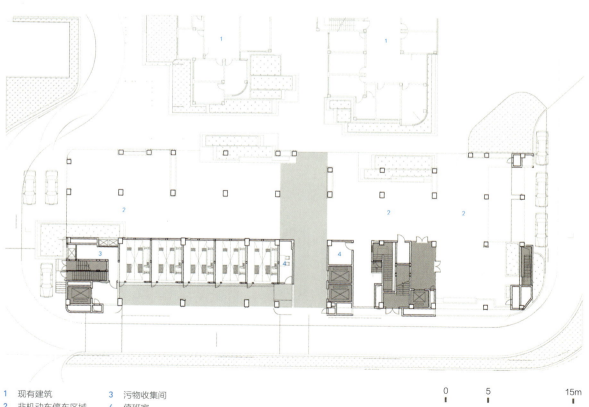

1 现有建筑
2 非机动车停车区域
3 污物收集间
4 值班室

0　5　15m

首层平面图

广东地区

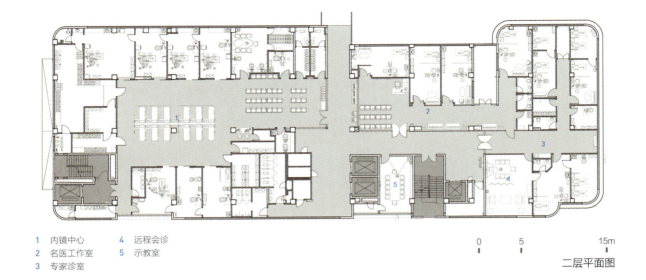

1 内镜中心
2 名医工作室
3 专家诊室
4 远程会诊
5 示教室

二层平面图

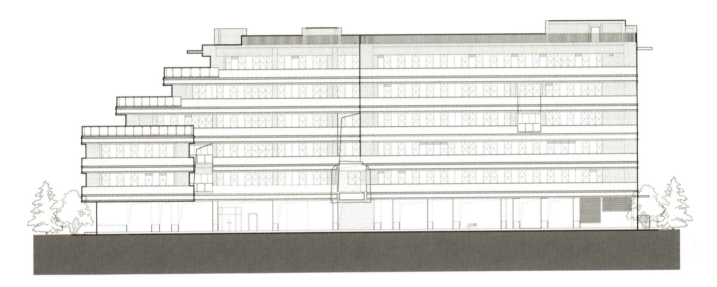

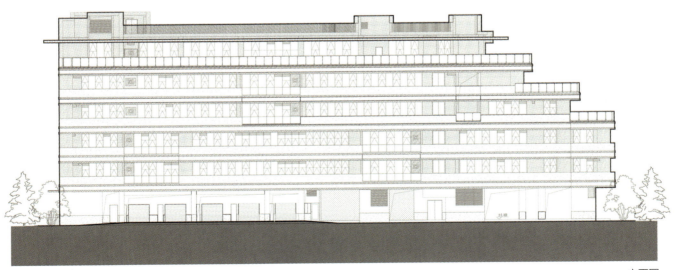

立面图

阳春京伦妇产医院

建设地点：阳江市阳春市	项目设计时间：2019年
建设单位：阳春京伦妇产医院	项目建成时间：2023年
用地面积：12334.36m²	合作单位：广州中的建筑设计事务所有限公司
建筑面积：43900m²	主创人员：王庆广　张启铭　宋建梅　王晶晶　凌伟彬
医院等级：二级	刘　兵　许文标　张志坚　呼书杰　梁丽娜
床位数量：220张	吴小虎　陈耿权　陈颖欣　骆崧涛　陈绍兴

■ **设计理念**

项目用地较为狭长,综合现状分析,将综合楼和后勤楼南北布置,场地主要入口位于南侧。

在规划设计中,充分考虑建筑群组对城市天际线的影响,起伏的远山与错落的建筑群相呼应,打造出良好的城市天际线。

建筑立面采用横线条为主的现代风格,并通过层级退台形成大面积的屋顶绿植花园,契合生态绿色设计理念,白色的主体色调营造出医院的简约与纯净,弧线和穿孔板等立面元素的利用使建筑更加灵动轻盈,这些共同打造出建筑的地标性。

整体布局:门诊、急诊布置在综合楼裙楼区域,靠近南侧主入口广场,住院楼在其上,后勤楼独立布置在用地北侧。

交通:内部交通呈环线布置,中央有南北联系的道路。场地共有三个出入口,包括门诊出入口、急诊出入口、污物出入口。

适应气候:整体规划布局结合岭南气候特征,设置大量庭院景观、平台绿化与空中花园,将绿色的园林空间渗透到医疗功能的房间内,现代化的医疗建筑形象与宜人舒适的环境景观完美融合,创造出绿色生态的医疗环境。

1　图1:建筑主视图

2	4
3	5

图 2：建筑沿街立面
图 3：综合楼门诊入口
图 4：综合楼急诊入口
图 5：综合楼一角

| 6 | 7 |

图6：大厅
图7：水吧台

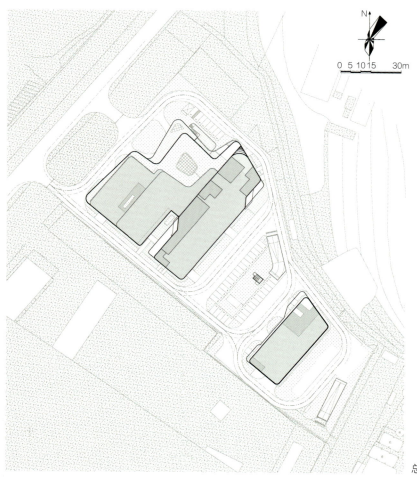

总平面图

广东地区

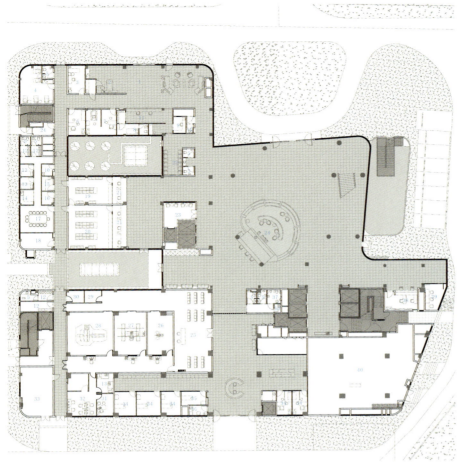

1 门厅	21 发药窗口	
2 抢救室	22 输液、留观	
3 B超室	23 VIP接待室	
4 胎监兼氧吧	24 水吧台	
5 卫生间	25 候诊区	
6 产科	26 钼靶	
7 妇科	27 DR室	
8 休息室	28 CT室	
9 配液室	29 污物打包间	
10 清洁室	30 储片	
11 发药收费室	31 主任办公室	
12 更衣室	32 医生办公室	
13 值班室	33 消防控制室	
14 茶水间	34 诊室	
15 煎药室	35 茶水间	
16 荫凉房	36 母婴室	
17 会议室	37 无障碍卫生间	
18 耗材间	38 出入院办理	
19 中药房	39 资料室	
20 西药房	40 配电房	

首层平面图

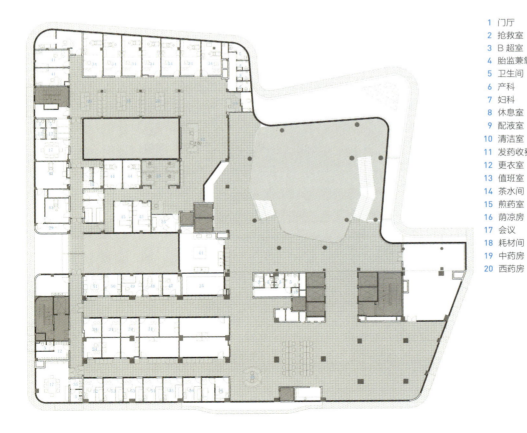

1 门厅	21 发药窗口	41 不孕不育诊室
2 抢救室	22 输液、留观	42 护士站
3 B超室	23 VIP接待室	43 人流室
4 胎监兼氧吧	24 水吧台	44 治疗室
5 卫生间	25 候诊区	45 洽谈区
6 产科	26 钼靶	46 导诊台
7 妇科	27 DR室	47 眼科检查室
8 休息室	28 CT室	48 口腔检查室
9 配液室	29 污物打包间	49 口腔检查室
10 清洁室	30 储片	50 睡眠监测
11 发药收费室	31 主任办公室	51 内窥镜
12 更衣室	32 医生办公室	52 ASQ发育评估
13 值班室	33 消防控制室	53 心理咨询室
14 茶水间	34 诊室	54 儿童营养厨房
15 煎药室	35 茶水间	视教室
16 荫凉房	36 母婴室	55 母乳喂养与饮
17 会议	37 无障碍卫生间	食咨询室
18 耗材间	38 出入院办理	56 体格测量室
19 中药房	39 资料室	57 儿童超声骨强
20 西药房	40 配电房	度与骨龄测定

二层平面图

023

南雄市中医院医共体总院

建设地点： 韶关市南雄市
建设单位： 南雄市中医院医共体总院
用地面积： 29573m²
建筑面积： 54612m²
医院等级： 二级甲等
床位数量： 500床
项目设计时间： 2018年
项目建成时间： 2022年
主创人员： 王 晖 李泽贤 何 龙 陈浩生 邓锦雄 吕志刚 钟 健 丰 燕 邓博雅

■ 设计理念

项目遵循"以人为本、以患者为中心"的原则。整个院区承担着医、教、研、保健和健康咨询等职能，力求在医院设计中体现出更多的人性化，追求全方位的人文关怀和高技术与高情感的平衡，创造人性化的医疗环境。

医院建筑与空间形象应体现"场所感"，具有鲜明的标识性，设计方案应与周边环境结合，反映时代精神、地方特色，力求传统建筑艺术与现代科技有机结合，充分展现南雄市中医院、妇幼保健院的特定形象与地域特征。

设计方案与区域景观规划相协调，充分尊重和利用现有与规划的未来环境，结合建筑功能分区的需要，布置室外空间。注重城市环境设计、建筑内外空间秩序、建筑空间布局的序列和建筑环境景观设计，着重分析场地竖向和待建建筑物之间的空间关系，合理组织各项功能并处理好各功能区段间空间景观的衔接，充分体现环境特色，弘扬城市整体之美。

1. 规划布局

项目建设用地位于南雄市北城新区北城大道东北侧，在院区的总体规划中，尽可能保留地块内原有的自然景观，同时注重人文关怀，顺应医疗流线的设计，并注重分区设计的原则，为医院今后的发展奠定良好的基础。

2. 功能布局

将两院作为一个约500床的综合医院进行规划，日门诊量为1200～1500人。儿科门诊、急诊急救模块沿街布置，病人可以方便地进入到每个模块。医技作为院区核心使用功能，位于门诊、急诊急救后部的住院楼中间，便于管理使用。并将医技部划分为两个部分，结合两院住院楼布置。

3. 景观规划

中医讲究自然与人、景观与人的和谐共处，本方案借鉴了韶关市南雄市景观的独特设计手法，形成多层次、全方位、立体化的丰富多变的整体景观，强调人与环境的相融相生。

外部借景：充分利用山丘景观及东侧村落形成看景，并通过利用建筑首层局部架空等手法，令内部景观与"医疗街"以及远处的泮坑山系形成视线通廊，相互借景。

共享庭院：在建筑中庭形成一系列的围合与半围合的绿化庭院和共享开放康复花园，借鉴园林造景手法，局部错层，共同打造院内具有地域特色的绿化景观。

| 1 | 2 |

图1：医院主入口鸟瞰图
图2：主入口实景图

图3：医院正立面实景图
图4：庭院实景图

图5：门洞细节图
图6：窗户细节图
图7：景观细节图
图8：中医院大堂图

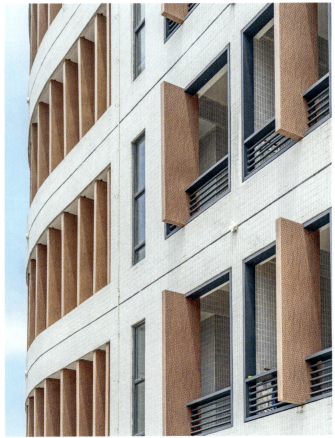

图9：文化廊道
图10：走道
图11：药房

广东地区

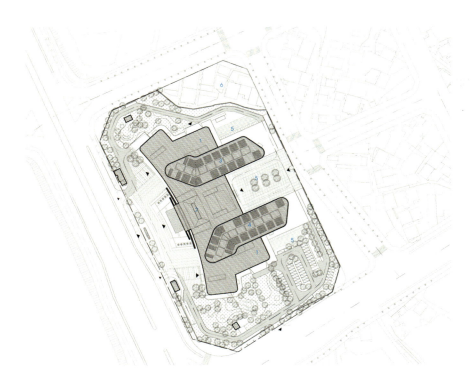

1 门诊医技
2 中医展厅
3 妇计住院
4 中医住院
5 消防登高操作场地
6 红线内现状建筑

0 5 15m
总平面图

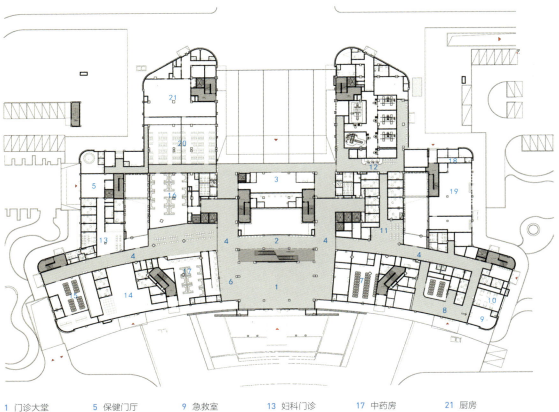

1 门诊大堂	5 保健门厅	9 急救室	13 妇科门诊	17 中药房	21 厨房
2 自助服务	6 挂号收费室	10 留观室	14 儿科门诊	18 120值班中心	
3 出入院门厅	7 输液大厅	11 综合门诊	15 儿童输液	19 变电所	
4 医疗街	8 急诊中心	12 放射科	16 西药房	20 餐厅	

0 5 15m
首层平面图

031

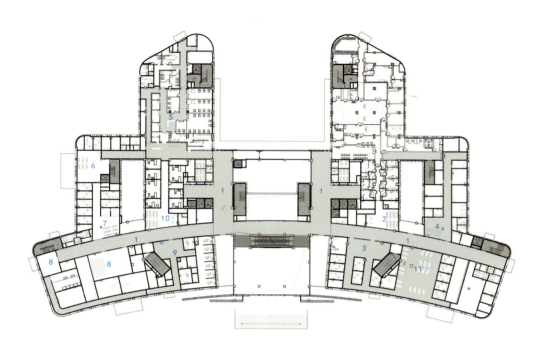

1	医疗街
2	耳鼻喉科
3	治未病中心
4	腔镜中心
5	新生儿重症监护室
6	儿童康复科
7	儿童体检中心
8	儿童保健科
9	口腔中心
10	功能检查
11	中医理疗大厅

0　5　15m

二层平面图

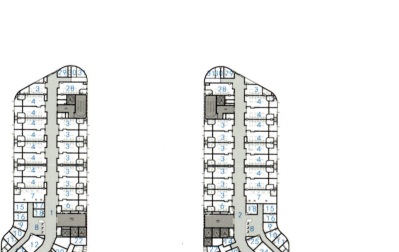

1	儿科病房	17	雾化室
2	内一科病房	18	治疗室
3	二人病房	19	护士值班室
4	三人病房	20	被服担架轮椅
5	高级病房	21	护士更衣室
6	抢救单元	22	医生更衣室
7	医生办公室	23	备用间
8	护士站	24	宣教室
9	护士长办公室	25	换药室
10	主任办公室	26	套房
11	医生值班室	27	储藏间
12	示教兼用餐间	28	技工室（避难间）
13	器械库	29	污洗间
14	配餐室	30	医疗垃圾
15	配药室	31	被服室
16	处置室		

0　5　15m

四层平面图

广东地区

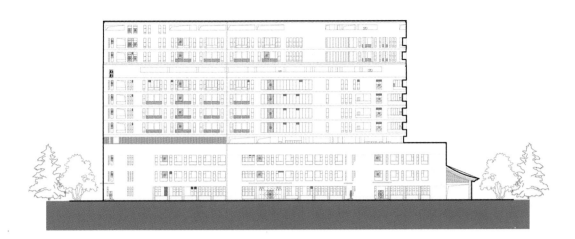

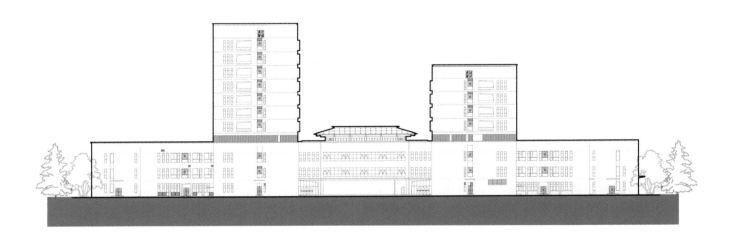

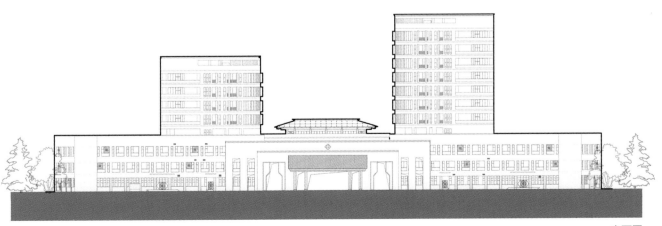

立面图

湛江市第一中医医院

建设地点：湛江市赤坎区	项目设计时间：2020年
建设单位：湛江市第一中医医院	项目建成时间：2023年
用地面积：21833m²	主创人员：黄 欣　颜会闾　邹明初　唐熠斓　钟寿岸
建筑面积：104313m²	何 熹　吕志刚　雷永杰　林 斌　苏 伟
医院等级：三级甲等	钟 健　徐贤标　丰 燕　谢建勇　降博睿
床位数量：1500床	何佳泽　吴小虎　邓博雅　孙恩泽　吴享辉
	王德霖　吴泽鹏　朱文鑫　尹智毅　何 洁

■ 设计理念

湛江市第一中医医院搬迁改造项目场地为原湛江中心人民医院旧址。现状场地内部高差较大，周边交通关系复杂，保留建筑改造困难。设计结合中医"调和以致中和"的思想，以"万象致中"的整体协调理念处理内外场地、周边交通、新旧建筑、医患人群等方面的关系，营造环境舒适、医患和谐、整体融合的现代生态中医医院。

针对项目现状的各种约束困难，项目从以下几方面进行精细化设计：

1）场地：分级处理，弱化高差；

2）交通：入口优化，车行疏导；

3）功能：健康人群、内科人群与外科人群分区分流；

4）形态：方圆结合，刚柔融合一体；

5）景观：五感融入，五行不息；

6）空间：中式传承，舒适感知；

7）工艺：高效流线，人性化细节。

湛江市第一中医医院是粤西地区建院较早、规模较大，集医疗救护、科研教学、预防保健、康复护老于一体的国家三级甲等中医院，本项目的建设将助力医院"致力成为北部湾中医的龙头医院"。

| 1 | 2 |

图1：全景鸟瞰图
图2：建筑主视图

图3：主入口实景图
图4：善恒楼透视图
图5：北侧实景图
图6：室内大厅实景图

广东地区

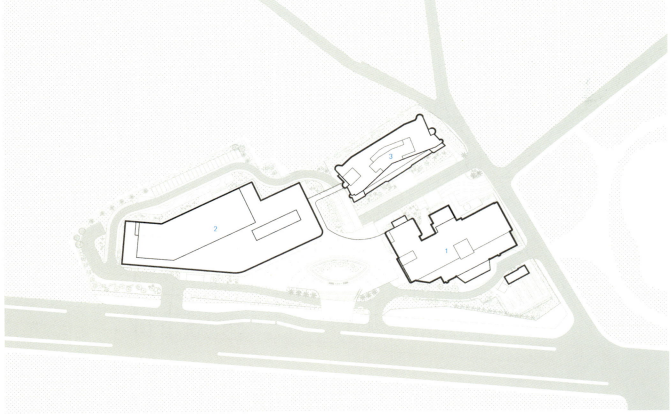

1 医技住院综合楼　　2 门急诊医技住院综合楼　　3 后勤及全科医生培训中心

总平面图

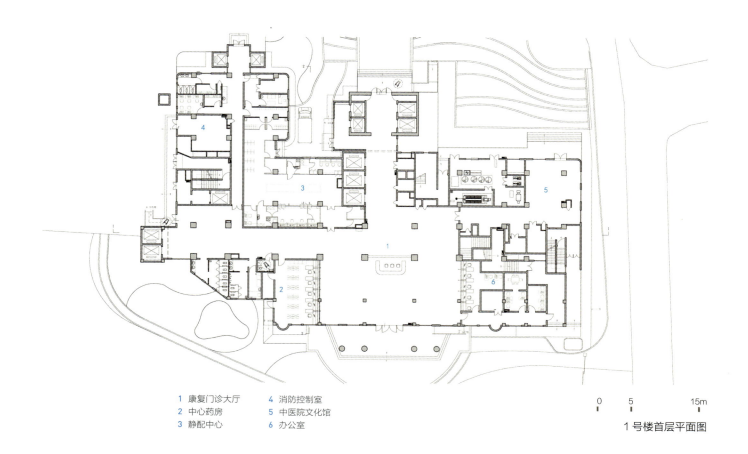

1 康复门诊大厅	4 消防控制室
2 中心药房	5 中医院文化馆
3 静配中心	6 办公室

1号楼首层平面图

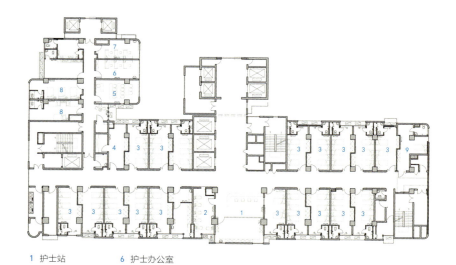

1 护士站	6 护士办公室
2 医生办公室	7 主任办公室
3 病房	8 值班室
4 中医治疗室	9 VIP病房
5 示教室	

1号楼八层平面图

广东地区

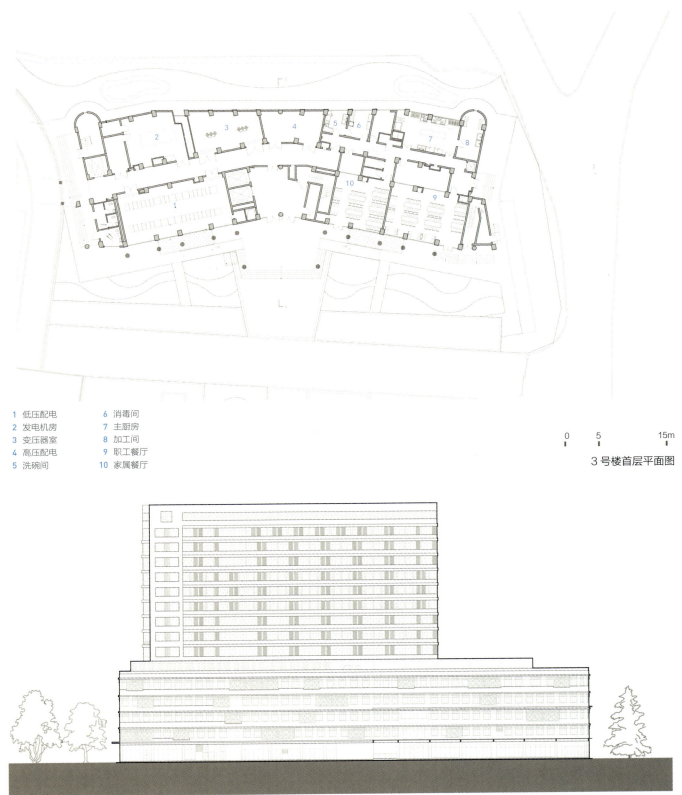

1 低压配电
2 发电机房
3 变压器室
4 高压配电
5 洗碗间
6 消毒间
7 主厨房
8 加工间
9 职工餐厅
10 家属餐厅

3号楼首层平面图

2号楼立面图

广州中医药大学紫合梅州医院

建设地点： 梅州市梅江区
建设单位： 梅州市紫合嘉应医药投资有限公司
用地面积： 66096.3m²
建筑面积： 173988.5m²
医院等级： 三级甲等
床位数量： 1000床

项目设计时间： 2016~2019年
项目建成时间： 2022年
主创人员： 黄 欣　邬明初　唐熠斓　吴嘉杰　王志超
吴书昊　陈浩生　邓锦雄　李正茂　何 熹
吕志刚　王燕燕　郭懿乐　呼书杰　徐贤标
朱虎归　丰 燕　谢建勇　降博睿　何佳泽
邓博雅　吴小虎　孙恩泽　吴享辉　董明翰
王德霖　吴泽鹏　朱文鑫

■ **设计理念——阴阳平衡、天人合一**

以"自然"点题，"阴阳平衡、天人合一"的中医理念为设计思路，融入岭南建筑的内涵，达到人与自然、建筑与自然的共融及和谐共生。项目吸收梅州围屋的传统建筑精髓，通过建筑的围合，形成"建筑—庭院—建

筑"的布局形式；通过架空连廊、绿化平台等衔接，将绿化园林景观渗透到建筑内部，给予患者一个舒适宜人的治愈空间，达到天人合一的境界。

■ 技术特点——以人为本、高效绿色

项目基地受限于航空限高，用地紧张。设计最大限度地对场地进行分析利用，将部分医疗功能设置在负一层，合理利用地下空间。

项目按照综合医院标准设计，以中医为核心主业，功能布置高效合理。门诊、急诊急救及体检模块沿城市道路布置在外侧；医技部作为院区核心使用功能，布置于门诊、急诊与住院部之间；住院部布置于场地内侧，环境宜人。

门诊入口大厅屋顶采用大跨度平面桁架形式，横向跨度20.6m，纵向跨度39m，采用小构件理念，轻盈灵动，成就结构和建筑之美。大厅二层通高，屋面设计为锯齿状，侧向采光，在保证良好采光的同时，避免太阳直射室内，达到良好的节能效果。

1　图1：主立面实景图

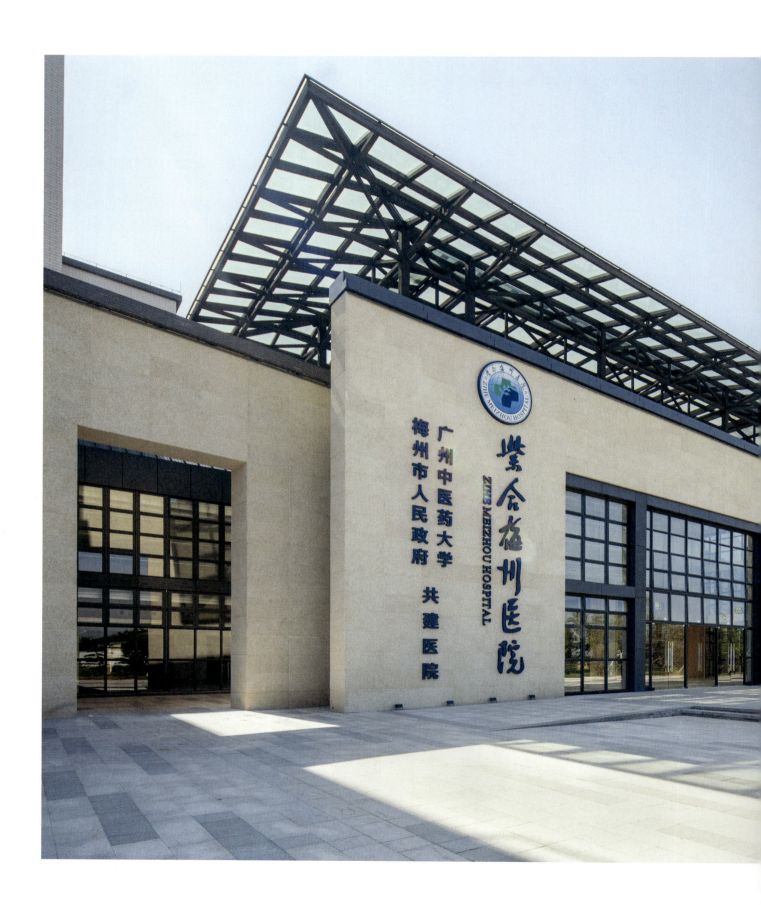

广东地区

2 | 3/4

图2：门诊医技楼主入口外立面
图3：内庭院景观
图4：建筑庭院

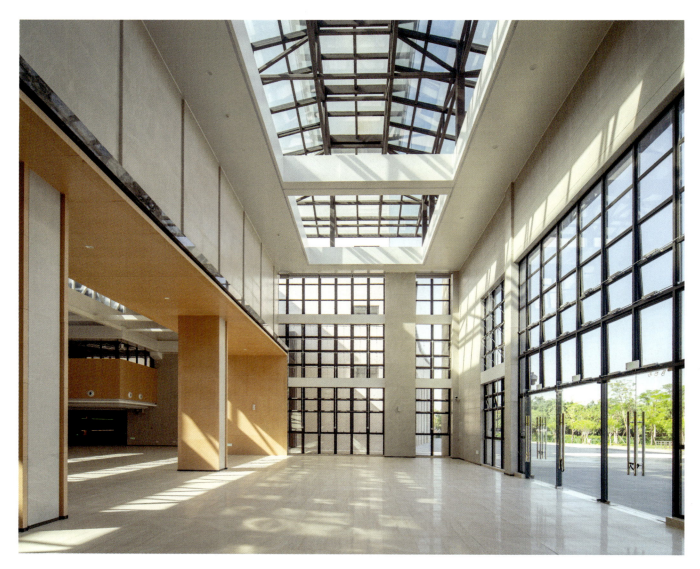

图5：门诊入口大厅
图6：住院走廊

广东地区

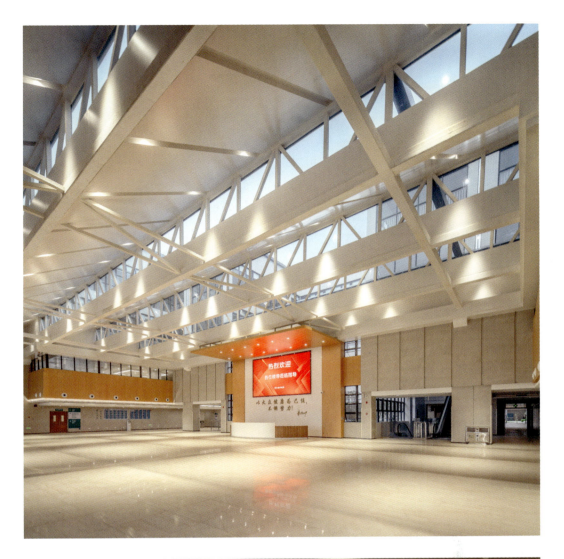

图7：门诊大厅室内1
图8：门诊大厅室内2

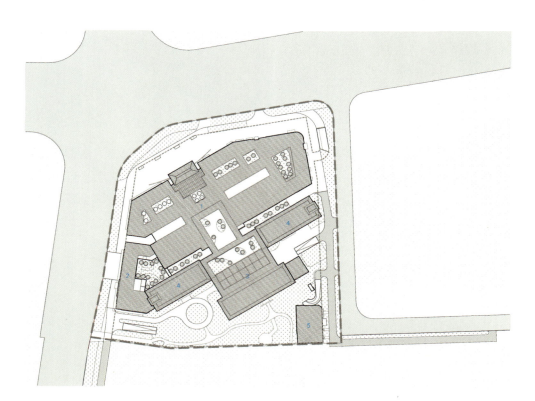

1 门诊医技综合楼
2 体检中心
4 科住院楼
3 综合住院楼
5 能源中心

总平面图

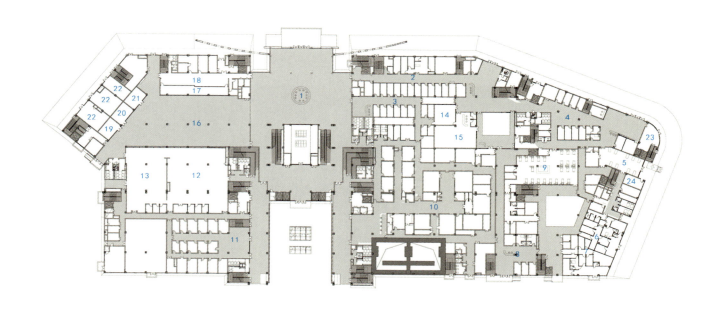

1 导诊	9 急诊留观	17 挂号收费
2 儿科门诊	10 放射科	18 开放办公
3 妇科门诊	11 专家门诊	19 便利店
4 急诊	12 西药房	20 花店
5 急救	13 中药房	21 自助银行
6 肠道门诊	14 儿科输液	22 小卖部
7 发热门诊	15 成人输液	23 住院门厅
8 VIP门诊	16 候药大厅	24 120值班中心

门诊医技楼首层平面图

广东地区

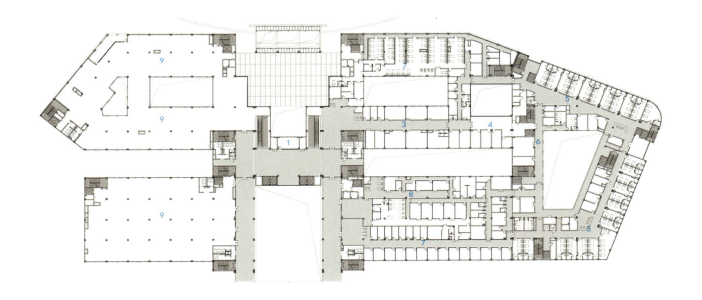

1 收费处	6 医护办公区
2 血液净化中心	7 功能检查
3 康复门诊	8 内镜中心
4 VIP 诊区	9 业主自定功能区
5 住院病区	

门诊医技楼三层平面图

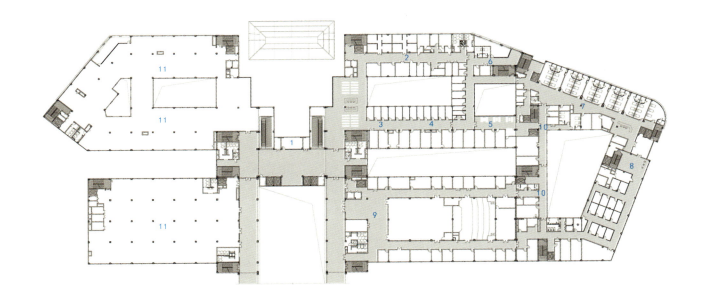

1 收费处	7 住院病区
2 口腔门诊	8 健康管理中心
3 眼科门诊	9 会议办公区
4 耳鼻喉门诊	10 医护办公区
5 VIP 诊区	11 业主自定功能区
6 医生休息区	

门诊医技楼四层平面图

047

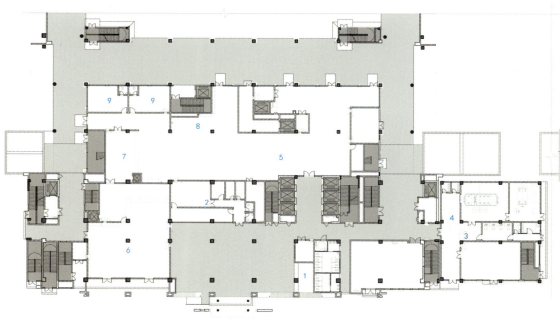

1 出入院服务中心
2 出入院办公室
3 护士站
4 高压氧舱
5 医护就餐区
6 家属就餐
7 备餐区
8 自带餐具清洁处
9 包间

0 5 15m

综合住院楼首层平面图

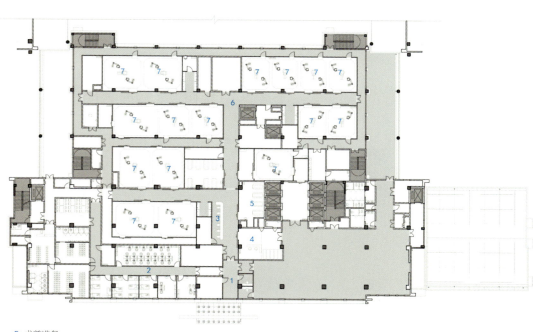

1 医患交互区
2 医护办公区
3 护士站
4 换车间
5 术前准备
6 手术区
7 手术室

0 5 15m

综合住院楼二层平面图

广东地区

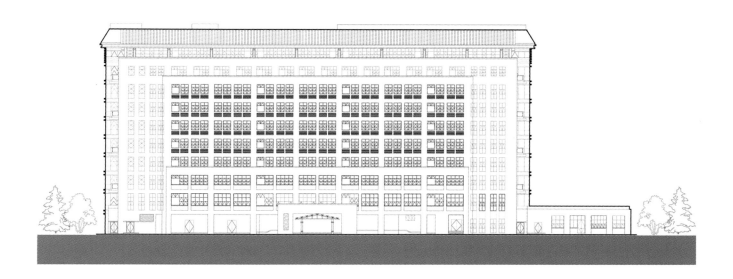

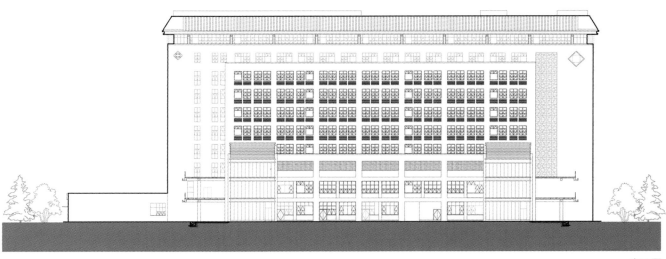

立面图

梅州市妇幼保健院和梅州市妇女儿童医院

建设地点：梅州市
建设单位：梅州市妇幼保健计划生育服务中心
用地面积：16666m²
建筑面积：15000m²
医院等级：二级甲等医院
床位数量：120床
项目设计时间：2021年
项目建成时间：2022年
主创人员：黄 欣　颜会间　唐熠斓　郭俊杰　吕志刚　钟 健　丰 燕　吴小虎　吴享辉　王德霖

■ 设计理念

根据现代化医院的建设理念，结合梅州市客家文化的特点，按照国家公共卫生和医疗的建设要求，提出以下设计理念：

1）以妇幼为中心的人性化保健及医疗空间，高效集中、舒适便捷的公共空间和保健就诊空间；

2）注重"以人为本"的人性化理念，营造愉快舒适的就医环境，通过简洁顺畅的流线组织、清晰合理的功能布局、简单易懂的标志系统引导保健人群、患者及家属顺利完成保健、就医和探访；

3）建筑形式简洁现代，符合客家现代地域建筑特色，与周围环境协调，功能分区明确，交通流畅、导向清晰；

4）创造一个绿色环保、生态节能的医院，在自然通风采光、空调节能、可再生能源的利用等层面进行周全的考虑，使之成为绿色节能医院的典范。

■ 建筑外观

在建筑单体造型概念上，设计强调结合梅州"家园"文化与传统的客家"围龙屋"的特点，强调建筑的轴线、层次及向心关系。前庭（广场）借鉴半月形风水塘概念，结合南侧建筑进行弧形处理，与场地形成向心形围合关系。中间的核心建筑为三进，讲究层次关系，内部围合出多重内院。建筑形式为方圆结合，半月形弧形为其重要特征，建筑转角的柔性弧形处理使建筑变得更加柔和，营造出向心环抱的亲切感。建筑形体分离演绎现代化医院的简洁、时尚的外表。

■ 室内空间

室内环境遵循"温馨家园"的设计宗旨，以"圆形"与"花"的元素打造医院的整体公共空间，分别以浅黄色、白色与木色为基底色，配搭与建筑立面相呼应的颜色作为点缀色，使室内拥有温馨的居家感觉，同时运用不同的颜色作为不同功能区域的引导。光环境设计，主要采用间接照明，通过柔和的光源营造平静的氛围，有效地帮助候诊患者身心放松，减缓焦虑的情绪。

■ 景观设计

园林景观设计以"拾光"为主题，从"拾—时光之旅、拾—自然之源、拾—疗养之用"三大概念出发，通过形式演化等设计手法融入到院区景观设计。结合建筑功能布局，打造集生态康养、可社交空间、人性化参与等多功能关怀式景观。

图1：建筑主视图

2	
3	4

图2：主入口鸟瞰图
图3：内庭院景观实景图
图4：彩色电动百叶局部图

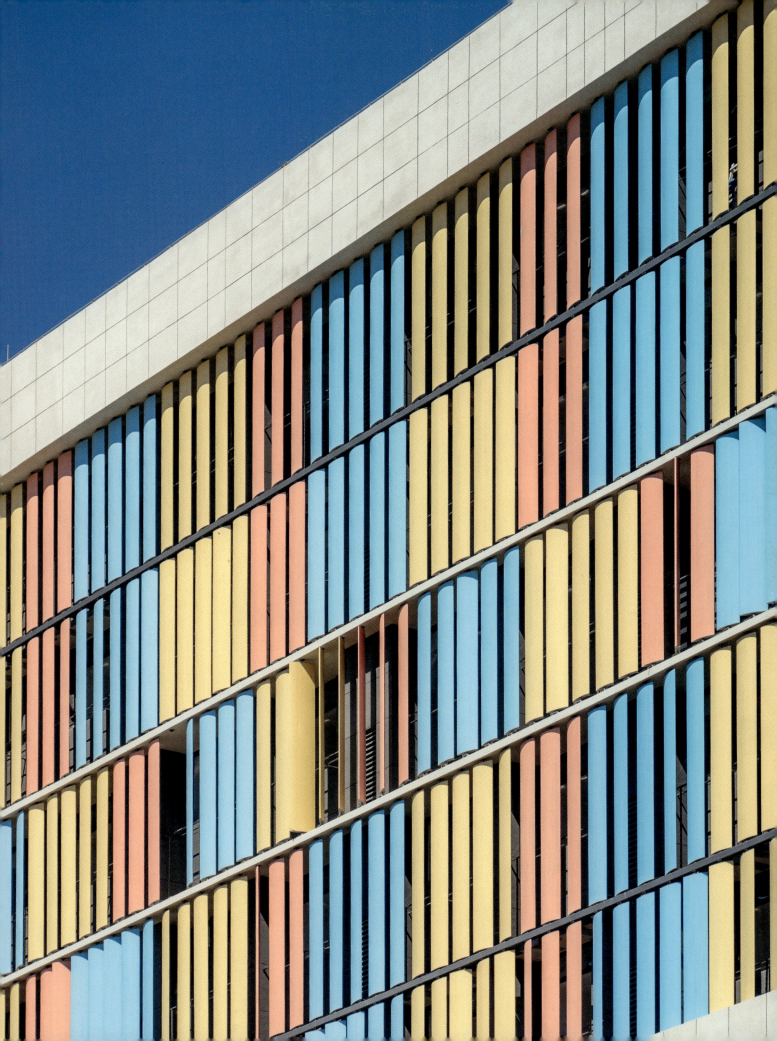

5
6

图5：门诊楼主入口立面
图6：妇幼保健大厅1

广东地区

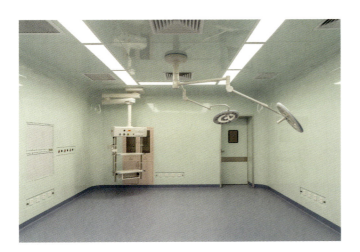

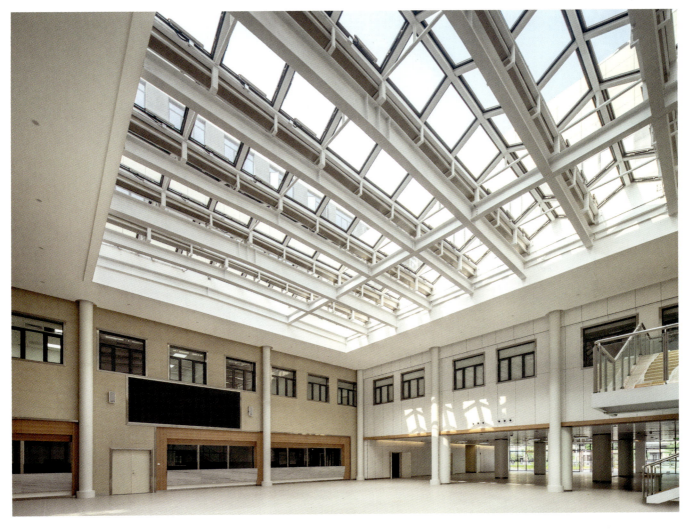

图7：手术室
图8：住院楼电梯厅
图9：妇幼保健大厅2

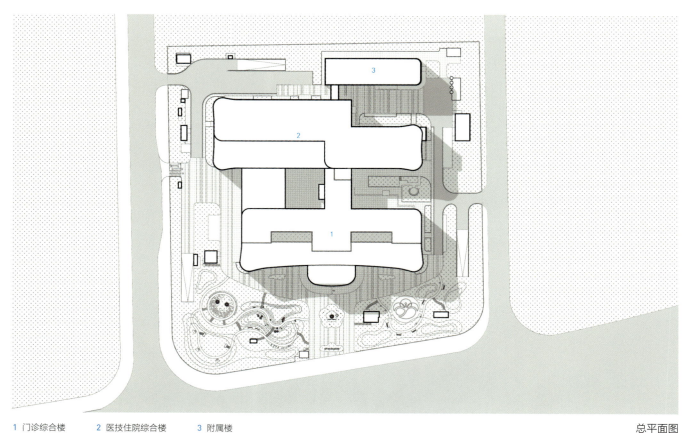

1 门诊综合楼　　2 医技住院综合楼　　3 附属楼

总平面图

1 门诊大厅
2 急救中心
3 儿童门诊区
4 绿化庭院
5 医疗街
6 挂号收费
7 药房
8 妇幼保健大厅
9 发热门诊
10 放射科
11 出入院大厅
12 产前控制中心
13 等候厅
14 产房

首层

0　5　15m

门诊医技住院综合楼首层平面图

广东地区

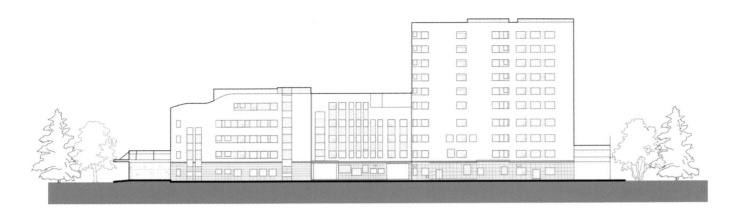

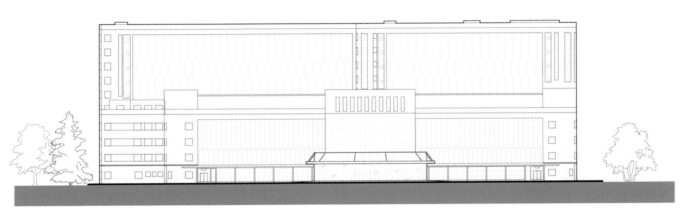

立面图

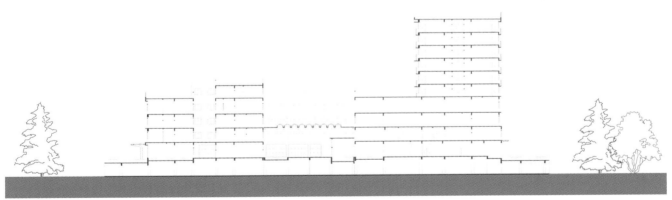

剖面图

梅州市蕉岭县中医医院

建设地点：梅州市蕉岭县
建设单位：蕉岭县中医医院
用地面积：33333m²
建筑面积：37650m²
医院等级：二级甲等
床位数量：250床

项目设计时间：2018年
项目建成时间：2021年
主创人员：黄 欣　吴嘉杰　唐熠斓　陈剑波　郭俊杰
　　　　　刘玉娇　陶礼龙　何 熹　周德宏　丰 燕
　　　　　降博睿　吴小虎　吴享辉　王德霖　吴泽鹏

■ 设计理念

1. 规划理念

蕉岭县为世界长寿之乡，其以治未病为特色的中医治疗，追求的是人与环境的和谐相处，讲究天人合一、道法自然、阴阳平衡的理念。

整体规划强调城市脉络，尊重城市肌理，保存城市记忆。蕉岭县整体的城市肌理以南北两个方向作为城市布局与延伸，项目用地的城市脉络也以东西向线性往南北方向延伸为主，结合城市道路及城市空间进行规划设计；同时注重环境渗透，用地周边的山、水、田、园均为积极的环境因素，贯彻"天人合一、道法自然、阴阳平衡"的理念，把城市景观渗透到医院的规划设计当中，为患者提供一个宜人的疗养环境。

2. 绿色生态

以"绿色生态医院"为目标，建造天然、无害的绿色医疗环境和良好的室内外自然生态绿化，打造出全新生态理念。项目对自然资源条件充分利用，在设计中引入传统地域文化，重视自然采光通风和天然环保建筑材料的运用，并利用底层架空、天井院落等打造出尺度宜人的公共空间，突出环境特色，创造与自然共生的绿色医院。

3. 传统文化与地域特色

整体造型以客家围龙屋为主要设计元素，采取分散式布局的形式。门诊、急诊综合楼的平面呈三个平行的建筑布置，在末端对整个医院的主入口进行了弧面处理，与客家围屋的形制相仿。建筑整体舒展，有开有合，与场地形成向心形围合关系。

建筑外观结合梅州传统建筑特色，设计具有传统客家建筑特色的建筑单体。布局上强调进深感，形成多进多天井的建筑空间。外立面结合坡屋顶、围屋的样式，采用传统的三段式构图。形体上传统的方形体块与圆形体块交错，通过立面动感的线条交织，形成蕉岭县中医院稳重、朴实、呼应传统的建筑形态，同时，建筑形态通过适应环境，灵动、轻盈而不失典雅地布置在环境当中。

客家文化讲究自然与人、景观与人的和谐共处，本项目借鉴了梅州地域文化山地景观的独特设计手法，形成多层次、全方位、立体化的丰富多变的整体景观，强调人与环境的相融相生。

园林景观设计运用"大医精诚""中药文化""制药文化"三大中医文化元素，结合场地功能形态进行分区布置。绿植设计适时适地以当地的特色植物为主，打造具有岭南特色的园林景观绿化，将造园与城市景观相互结合，相互渗透。

图1：全景鸟瞰图

2/3 图2：内庭院实景图1
图3：内庭院实景图2

广东地区

4	
5	6

图4：主出入口实景图
图5：医技楼出入口
图6：住院楼局部立面

061

图7：综合门诊大厅
图8：治未病等候厅

图9：住院大厅1
图10：住院大厅2
图11：住院病区护士站

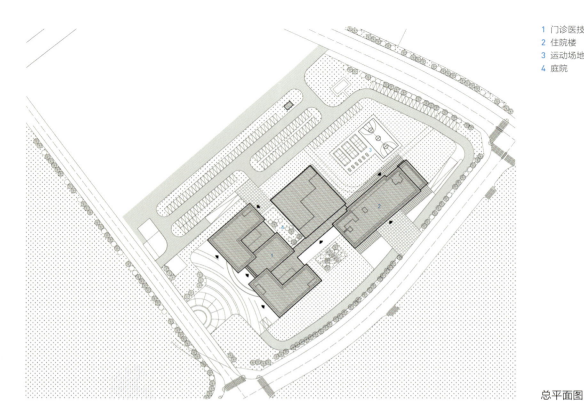

1 门诊医技综合楼
2 住院楼
3 运动场地
4 庭院

总平面图

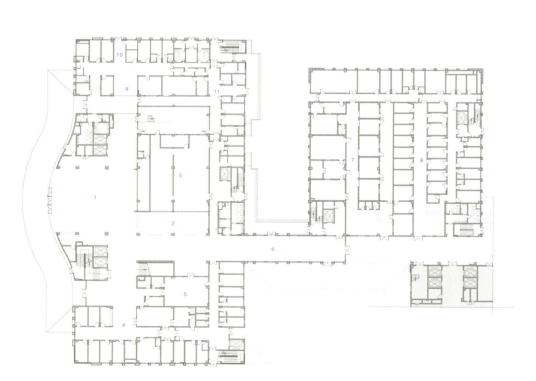

1 门诊大厅
2 候药大厅
3 药房
4 急诊急救室
5 输液室
6 医疗街
7 放射影像室
8 功能检测室
9 发热门诊
10 儿童发热门诊
11 肠道门诊

0 5 15m

综合门诊医技楼首层平面图

064

广东地区

1 妇科门诊
2 信息中心
3 预留门诊
4 治未病中心
5 手术中心及ICU
6 档案中心
7 办公室

综合门诊医技楼三层平面图

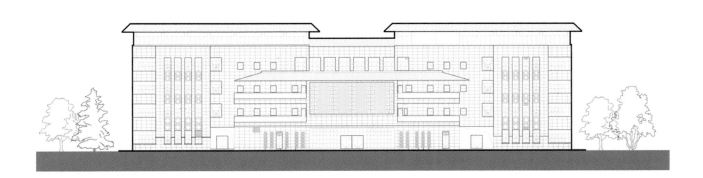

立面图

065

惠州市博罗县第三人民医院

建设地点：惠州市博罗县
建设单位：博罗县第三人民医院
用地面积：27205m²
建筑面积：31256.5m²
医院等级：二级甲等

床位数量：240张
项目设计时间：2018年
项目建成时间：2021年
主创人员：王 蕾　张启铭　卢致仙　邓文晴　宋建梅
　　　　　刘 兵　许文标　张志坚　呼书杰　梁丽娜
　　　　　吴小虎　陈耿权　骆崧涛　陈颖欣

■ 设计理念

本项目定位为园林式医院，因地制宜，平面布局和空间处理穿插庭院，力求活泼、富于变化。规划结构为南北轴线串联多组建筑的形式，医疗连廊作为南北人流交通核心，串联了南侧原有建筑、医技楼、住院楼。原门诊住院综合大楼改造成门诊综合楼，位于场地南侧；原场地主要出入口改为门诊出入口。医技楼规划在用地

广东地区

中部，与门诊区、住院区联系便捷。住院楼布置在用地中北侧，并在西侧设置独立出入口，建筑之间通过中央的连廊联系成为一个整体。设备楼和中心供氧室在用地东侧独立布置。

本项目遵循"以人为本"、以患者为中心、经济适用、绿色节能、适度超前的原则。专业设计方案上做到技术先进、成熟、经济。通过采用成熟技术、当地材料，做到投资可控。

设计规划力争体现当今医院规划、医疗建筑最先进理念，达到国内先进水平；同时充分考虑医院可持续发展、医疗技术和设备更新发展的需求，在东北侧预留部分用地作为日后发展使用，在医院设计中力求高技术与高情感的平衡，体现更多人性化设施，追求全方位的人文关怀，创造人性化的医疗环境。

1　图1：全景鸟瞰图

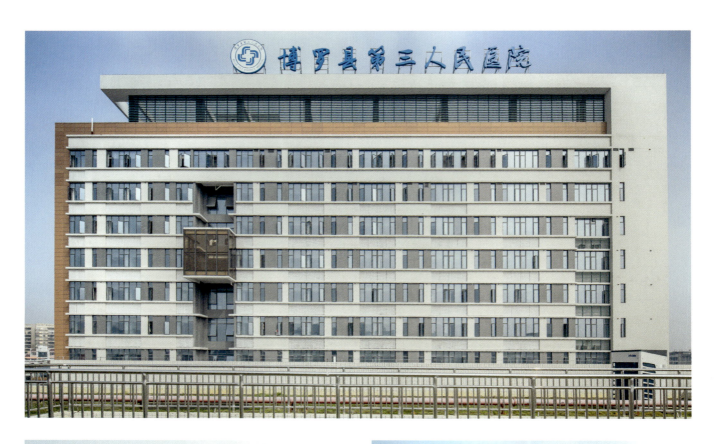

图2：住院楼正立面
图3：建筑群人视图
图4：住院楼入口

图5：鸟瞰图
图6：康复花园细节图

| 7 | 8 |

图 7：住院楼内景
图 8：医院大厅

1 门诊综合楼
2 医技楼
3 住院部
4 中心供氧室
5 设备楼
6 临时办公楼
7 门卫室
8 药店发热门诊
9 污水站
10 垃圾房
11 储存间

0 5 15m

总平面图

广东地区

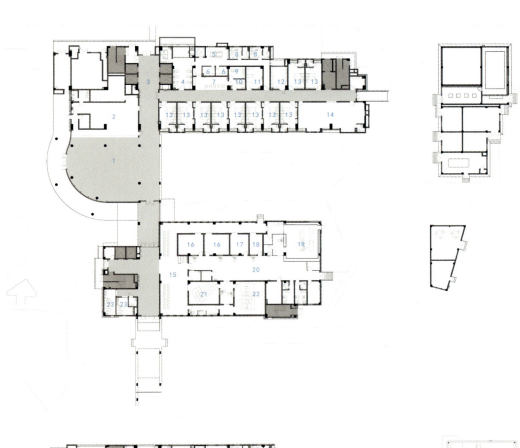

1	住院大厅
2	住院药房
3	电梯厅
4	医生办公室
5	讨论区
6	更衣室
7	护士工作站
8	值班室
9	配药室
10	处置室
11	治疗室
12	被服室
13	病房
14	中医疗法中心
15	等候大厅
16	DR 室
17	透视室
18	钼靶
19	示教室
20	阅片区
21	CT 室
22	MR 室
23	卫生间

首层平面图

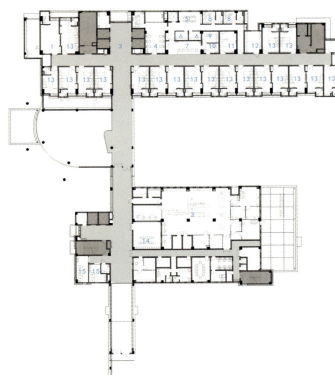
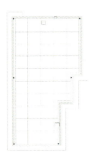

1	病人活动室	9	配药室
2	临检区	10	处置室
3	电梯厅	11	治疗室
4	医生办公室	12	被服室
5	讨论区	13	病房
6	更衣室	14	等候大厅
7	护士工作站	15	卫生间
8	值班室		

二层平面图

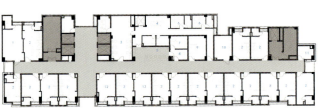

1	病人活动室	8	处置室
2	病房	9	治疗室
3	医生办公室	10	被服室
4	谈话间	11	污洗间
5	护士工作站	12	清创室
6	值班室	13	重症室
7	配药室		

标准层平面图

梅州市蕉岭县人民医院

建设地点： 梅州市蕉岭县
建设单位： 蕉岭县人民医院
用地面积： 60349.1m²
建筑面积： 110747.7m²
医院等级： 二级甲等
床位数量： 580床

项目设计时间： 2017年
项目建成时间： 2021年
主创人员： 王　晖　黄　欣　邬明初　陈耀杨　吴书昊
　　　　　　　王志超　郭懿乐　陈伟良　苏　伟　呼书杰
　　　　　　　钟　健　丰　燕　袁小华　降博睿　吴校军
　　　　　　　吴小虎　邓博雅　颜会间

■ 设计理念

项目遵循"以人为本""以患者为中心"的原则。力求在医院设计中体现更多人性化设施，追求全方位的人文关怀，力求高技术与高情感的平衡，创造人性化的医疗环境。

广东地区

在建筑单体造型概念上，设计强调结合长寿之乡与传统的客家围龙屋的特点："围合"+"山水"。模块化的建筑的体块交错在一起，通过围合与山地关系的处理，建筑内部坡地通过绿化景观处理成梯田形式，分解高差。西侧道路沿街建筑是最重要的城市形象展示面，建筑由西至东结合地形逐渐抬高，建筑层数逐渐增加，形成由"河—广场—裙楼—塔楼"退台式建筑群体，在每个建筑都能享用西侧自然河流景观。建筑形态通过适应环境，灵动、轻盈而不失典雅地布置在环境当中。

梅州具有多种典型的客家传统建筑形式。从建筑类型、功能、装饰、防御性以及山墙形式、屋脊形式等方面都具有显著的地域特色，且区别于其他地区。横堂屋是在建筑的几何中心布置厅堂，两侧布置模屋的形式；横屋是中轴对称的建筑形式，与中原的殿堂式和四合院式建筑有同构的关系，建筑中形成的天井放置植物盆景。是客家人的宗族、礼制观念在建筑形式中的表现，是建筑类型的重要组成部分。本项目通过吸取横堂屋建筑精髓，将建筑体块与体块有机组合形成新的"建筑—庭院—建筑"的布局形式，使得建筑内部能够引入绿化景观，给病人一个舒适宜人的治愈空间。

1　　图1：全景鸟瞰图

2/3 图2：鸟瞰图2
图3：鸟瞰图3

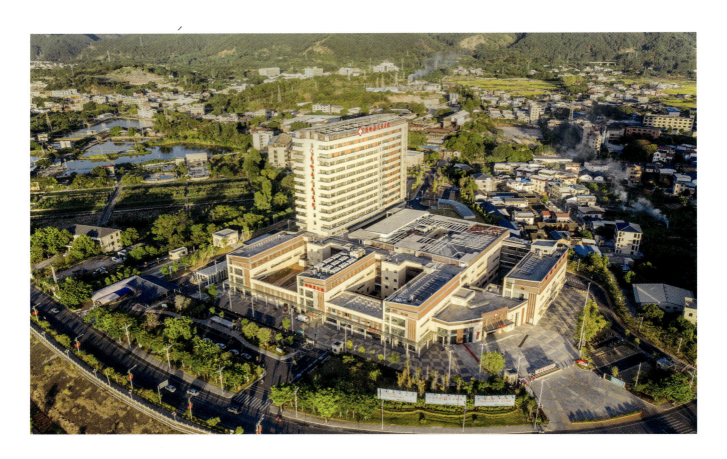

4	
5	6

图4：住院楼实景图
图5：内庭院实景图
图6：儿科候诊大厅

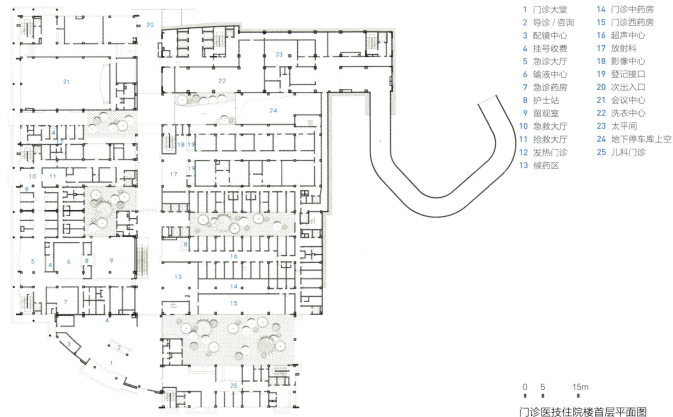

1 门诊大堂	14 门诊中药房
2 导诊/咨询	15 门诊西药房
3 配镜中心	16 超声中心
4 挂号收费	17 放射科
5 急诊大厅	18 影像中心
6 输液中心	19 登记接口
7 急诊药房	20 次出入口
8 护士站	21 会议中心
9 留观室	22 洗衣中心
10 急救大厅	23 太平间
11 抢救大厅	24 地下停车库上空
12 发热门诊	25 儿科门诊
13 候药区	

门诊医技住院楼首层平面图

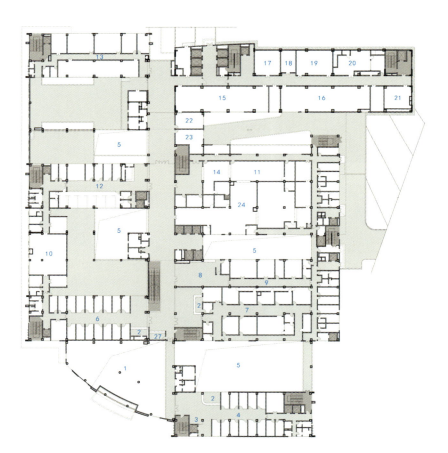

1 大堂上空	13 信息中心
2 护士站	14 发放
3 早餐区	15 病案储藏室
4 体检中心	16 低压配电房
5 庭院上空	17 建筑设备监控机房
6 内/外科	18 高压开关房
7 腔镜中心	19 高压配电室
8 门诊取血	20 发电机房
9 献血办	21 排风排烟机房
10 120调度中心	22 复印室
11 中心供应	23 病案办公室
12 牙科	24 消毒包装

门诊医技住院楼二层平面图

广东地区

1	大堂	13	生化免疫大厅
2	护士站	14	检验中心
3	挂号收费	15	妇科/产科
4	中医/康复科	16	卫材库
5	家属等候	17	住院大堂
6	透析中心	18	收费/结算
7	医办	19	咨询
8	医疗街	20	饭堂
9	临床大厅	21	厨房
10	标本采集	22	行政办公
11	取报告	23	屋面
12	采血		

0 5   15m

门诊医技住院楼三层平面图

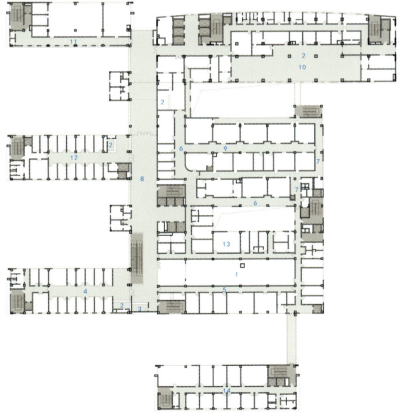

1	配液中心	8	医疗街
2	护士站	9	手术中心
3	挂号收费	10	ICU
4	耳鼻喉科	11	120指挥中心
5	病理科	12	临床营养科
6	洁净通道	13	医办
7	污物通道	14	行政办公

0 5   15m

门诊医技住院楼四层平面图

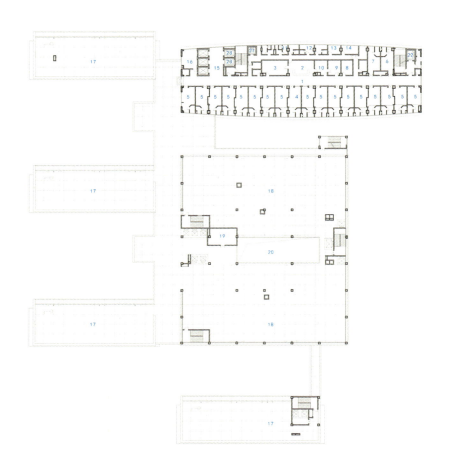

1 产科住院	13 主任办公室
2 护士站	14 会议室 / 示教室
3 医护办公室	15 候梯厅
4 预防接种室	16 晾晒平台 / 避难间
5 病房	17 屋面
6 双人病房	18 设备层
7 换药 / 检查	19 检验中心空调机房
8 治疗室	20 庭院上空
9 处置室	21 洁梯 / 医梯
10 配药间	22 污梯 / 消防电梯
11 更衣室	23 无障碍电梯
12 值班室	

门诊医技住院楼五层平面图

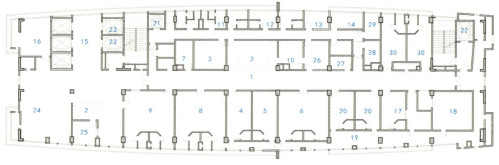

1 产房	7 预诊室	13 主任办公室	19 污物通道	25 听力筛查室
2 护士站	8 待产室	14 医护办公室	20 小分娩室	26 助产室
3 会议 / 示教 / 休息	9 洗婴室	15 候梯厅	21 洁梯 / 医梯	27 器械室
4 隔离待产室	10 配药间	16 晾晒平台 / 避难间	22 污梯 / 消防电梯	28 UPS
5 隔离产房	11 更衣室	17 家庭产房	23 无障碍电梯	29 新风机房
6 大分娩室	12 值班室	18 小手术室	24 家属等候区	30 观察室

门诊医技住院楼六层平面图

广东地区

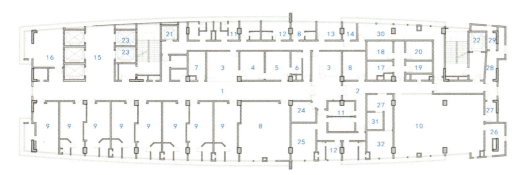

1 妇科住院	7 预诊	13 主任办公室	19 母乳喂养室	25 医办	31 传染隔离
2 新生儿科	8 预留用房	14 医护办公室	20 婴儿治疗室	26 取暖器	32 隔离监护室
3 护士站	9 病房	15 候梯厅	21 洁梯/医梯	27 缓冲间	
4 配药室	10 护士站（24床）	16 晾晒平台/避难间	22 污梯/消防电梯	28 平台	
5 治疗室	11 更衣室	17 洗婴室	23 无障碍电梯	29 洗污间	
6 处置室	12 值班室	18 婴儿工作室	24 视频探视间	30 污物通道	

门诊医技住院楼七层平面图
0　5　15m

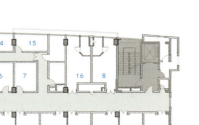

1 儿科住院	6 处置室	11 女更衣室	16 雾化室
2 护士站	7 治疗室	12 女值班室	17 晾晒平台/避难间
3 预诊	8 病房	13 男值班室	18 被铺间
4 医办	9 重点监护病房	14 主任办公室	19 配餐/热水
5 配药室	10 男更衣室	15 会议室/示教室	

门诊医技住院楼八层平面图
0　5　15m

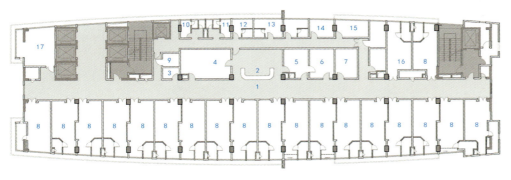

1 外科住院	6 处置室	11 女更衣室	16 换药室
2 护士站	7 治疗室	12 女值班室	17 晾晒平台/避难间
3 配餐/热水	8 病房	13 男值班室	
4 医办	9 被铺间	14 主任办公室	
5 配药室	10 男更衣室	15 会议室/示教室	

门诊医技住院楼九、十层平面图
0　5　15m

梅州市中医医院中医热病中心

建设地点：梅州市梅江区
建设单位：梅州市中医医院
用地面积：9898.70m²
建筑面积：23431.67m²
医院等级：三级甲等
床位数量：245床
项目设计时间：2020年
项目建成时间：2022年
主创人员：唐熠澜　颜会阊　钟寿岸　陈浩生　赖煜霖
　　　　　　黄　俊　田小霞　李晓鹏　呼书杰　钟　健
　　　　　　徐贤标　丰　燕　降博睿　何佳泽　吴校军
　　　　　　邓博雅　孙恩泽　吴享辉　董明翰　黄观荣
　　　　　　王德霖　朱文鑫　吴泽鹏

■ 设计理念

梅州市中医医院热病中心，以中医的现代传承为设计出发点，围绕热病的防治，以"衍变"为设计理念。"衍变"包含了"衍化"与"应变"，"衍化"代表着传统中医在热病的防治中发挥的重要作用，如治未病、疗养康复、应急救治等功能，体现了中医文化的阴阳转化与调和思想；"应变"代表着热病中心可以结合平时的使用和战时的特殊需要进行应急转化。

设计手法："望、闻、问、切"。以中医的传统诊疗手段作为规划设计的切入点，以调和致中的思想综合协调场地关系。

广东地区

"望"——外观：意指立面造型的新旧协调处理思考。新建筑与原院区内建筑形象相协调统一。规划中需重点考虑建筑形象，主入口形象及建筑立面形象的关系。

"闻"——气息：意指场地中场所精神的营造探索，设计中着重体现中医文化、共享、休闲等空间氛围，通过广场空间、室外公共空间、内部空间等营造创造具有浓厚场所精神的建筑空间。

"问"——需求：意指对不同的人群需求的流线组织及设计方面的回应。规划中侧重对不同人群的流线空间需求分析，如健康亚健康人群的分流；医护人员与病人的不同空间需求，对医技流线的梳理等。

"切"——接触：对现有场地及现状建筑问题的实地研究。对现状建筑的建筑形象，场地流线、出入口、走廊位置的深入分析，探索最合理的功能利用。

建筑造型上体现中医文化特色如下。①客家传统雕花装饰：地面景观形成静谧雅致的简洁曲线花圃，通透广场产生开阔空间形成大气建筑出入口设计。项目融入了两个主题的中医文化广场和中医药生物景观花园。②建筑立面：整体端庄，体块均衡，体现中医的中和思想。立面元素局部用了传统的遮阳格栅（横向及竖向），既起到遮阳作用，又体现了传统的建筑氛围。

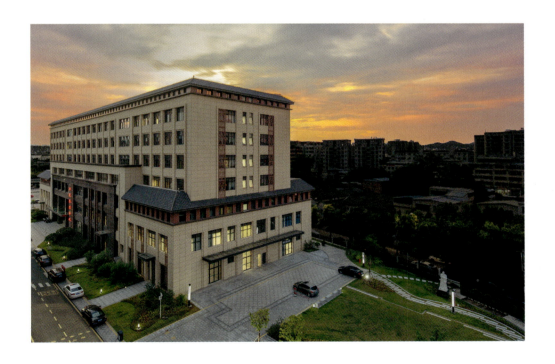

| 1 | 2 |

图1：傍晚人视图
图2：傍晚鸟瞰图

图 3：背立面人视图

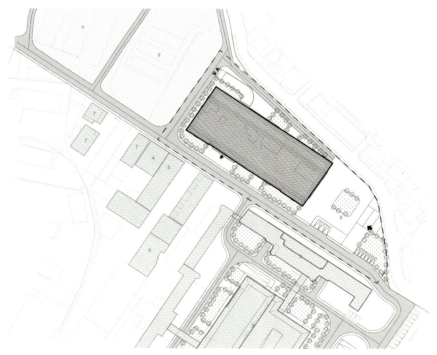

1 中医热病中心
2 门诊医技住院楼 C 栋
3 门诊综合大楼
4 药库
5 制剂中心
6 供应室
7 其他原有建筑
8 发热门诊广场
9 预留发展用地

0 5　15m

总平面图

广东地区

4/5　图4：白天人视图
　　　图5：入口人视图

1 大堂	5 治未病中心	9 留观门厅
2 导诊	6 影像检查	10 医护门厅
3 住院大堂	7 医护工作区	
4 医国学展示区	8 体检区	

首层平面图

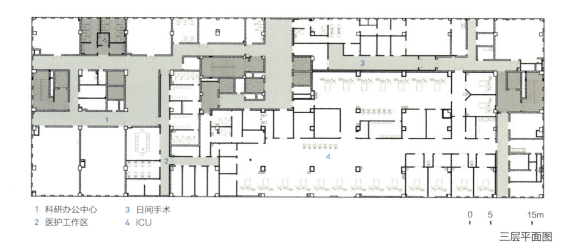

1 科研办公中心	3 日间手术
2 医护工作区	4 ICU

三层平面图

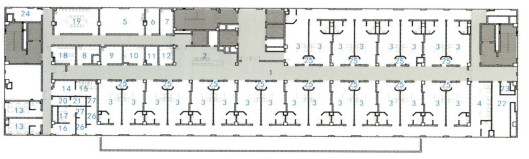

1 二人病房	7 护士长办公室	12 配药室	18 被服室	23 暂存间
2 护士站		13 值班室	19 示教室	24 茶水间
3 二人病房	8 开水配餐	14 女更衣室	20 穿防护服	25 缓冲间
4 三人病房	9 中医治疗	15 女卫浴室	21 物资库	26 缓冲间 1
5 医生办公室	10 治疗室	16 男更衣室	22 污物间兼避难间	27 缓冲间 2
6 主任办公室	11 处置室	17 男卫浴室		

四层平面图

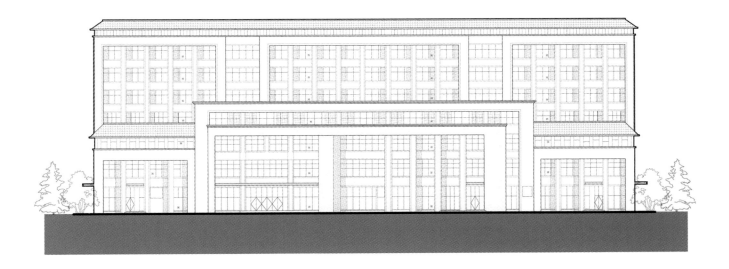

立面图

图6：电梯厅
图7：病房护士站
图8：候诊大厅

广东地区

9 | 图9：大堂
10 | 图10：诊室走廊

云浮市郁南县中医院

建设地点：云浮市郁南县
建设单位：郁南县中医院
用地面积：79436.6m²
建筑面积：60000m²
医院等级：三级甲等
床位数量：600床

项目设计时间：2021年
项目建成时间：2023年
主创人员：黄　欣　邬明初　黄元璞　王　蕾　沈展鹏
　　　　　　吴书昊　欧阳铄　吴杰明　田小霞　雷永杰
　　　　　　李晓鹏　钟　健　徐贤标　丰　燕　降博睿
　　　　　　吴小虎　孙恩泽　吴享辉　庄　洁　周浩祥
　　　　　　何　洁　曾　彬　苏春燕　朱文鑫　刘骏祺

■ 设计理念

项目按照国家三级中医医院建设标准的超前定位，打造一所集医疗、保健、教学、教研、康养等功能于一体的大型综合中医医院。遵循"以人为本"的设计原则。按照国家医疗建设相关要求，力求在医院设计中体现更多人性化设施，追求全方位的人文关怀，力求高技术与高情感的平衡，创造人性化的医疗环境。

以中医的现代传承为设计的出发点，围绕着郁南当地的建筑特色与山水文化，以山水·印为设计理念。"山水"代表着要在建筑融入环境，使得建筑与自然更加和谐统一，与人更亲和。"印"代表着新建医院与当地的具有特色的建筑相互融合，别出心裁的设计赋予建筑独特的韵味，使医院与周边建筑相得益彰。

广东地区

1 门诊楼
2 医疗综合楼
3 感染科楼
4 后勤保障综合楼
5 主入口广场

图1：主立面效果图
图2：主入口效果图
图3：沿街立面效果图
图4：鸟瞰效果图

图5：门诊大厅
图6：体检中心
图7：国医馆

广东地区

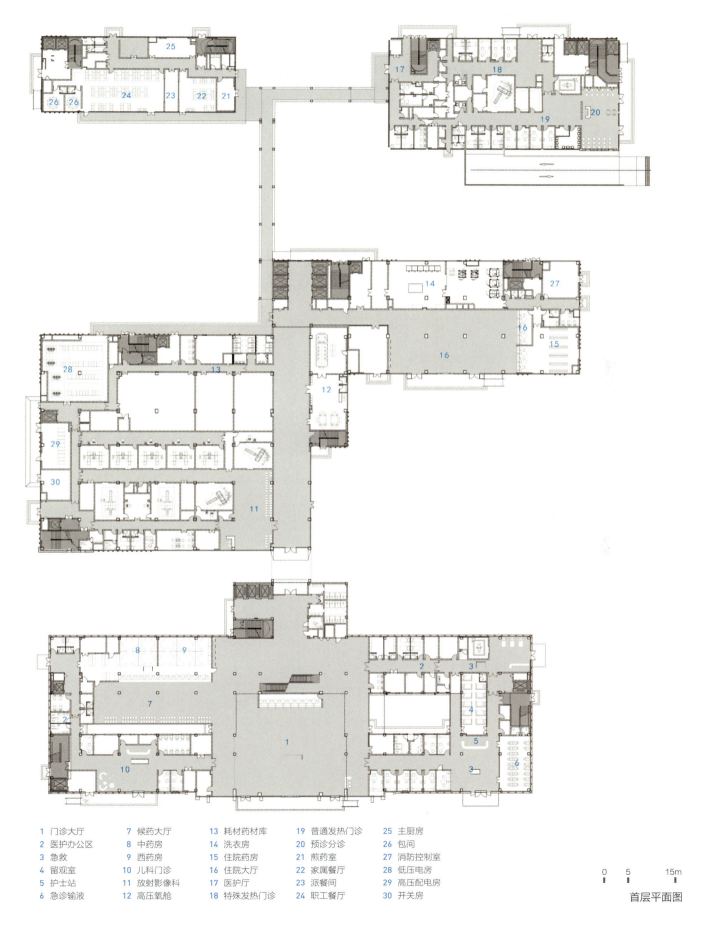

1 门诊大厅	7 候药大厅	13 耗材药材库	19 普通发热门诊	25 主厨房
2 医护办公区	8 中药房	14 洗衣房	20 预诊分诊	26 包间
3 急救	9 西药房	15 住院药房	21 煎药室	27 消防控制室
4 留观室	10 儿科门诊	16 住院大厅	22 家属餐厅	28 低压电房
5 护士站	11 放射影像科	17 医护厅	23 派餐间	29 高压配电房
6 急诊输液	12 高压氧舱	18 特殊发热门诊	24 职工餐厅	30 开关房

首层平面图

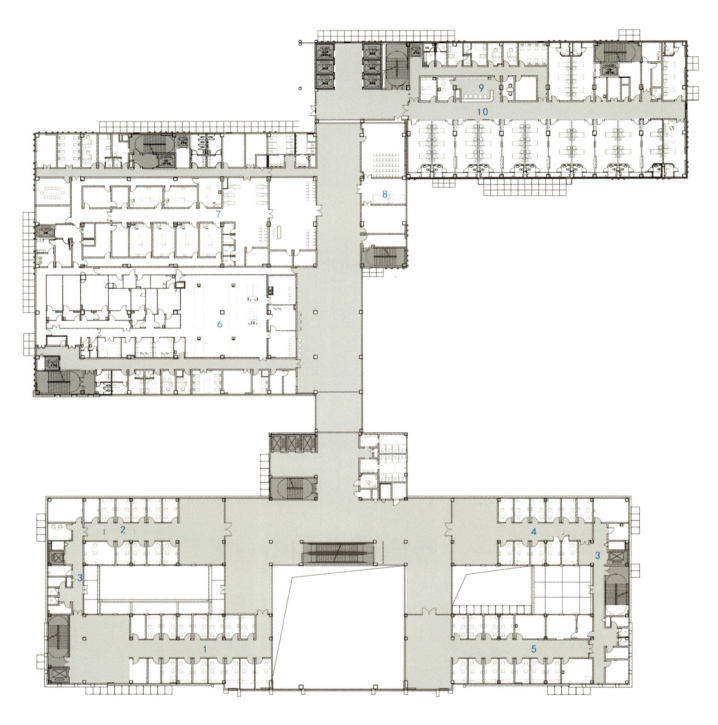

1 体检中心	6 检验中心
2 内科/风湿门诊	7 内镜中心
3 医护办公区	8 远程诊疗中心
4 骨科/疼痛科门诊	9 护士站
5 皮肤科/外科/肛肠科门诊	10 标准病区（肺病脾胃科）

二层平面图

广东地区

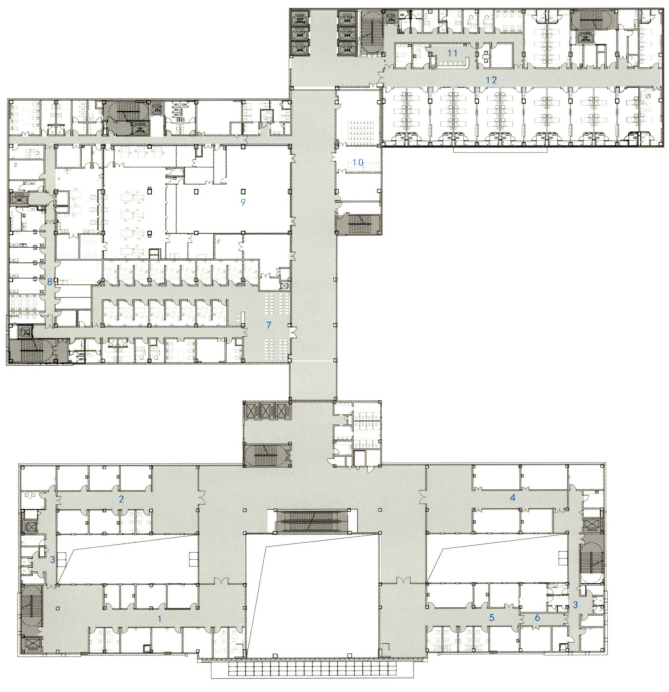

1 针推/治未病中心
2 中医传统疗法区
3 医护办公区
4 康复训练区
5 妇产科门诊
6 治疗区
7 功能检查
8 病理科
9 中心供应
10 远程诊疗中心
11 护士站
12 标准病区（心血管脑中风）

0 5 15m

三层平面图

梅州市平远县人民医院综合大楼

建设地点：梅州市平远县
建设单位：平远县人民医院
使用单位：平远县人民医院
用地面积：30794m²
建筑面积：27500m²

医院等级：二级甲等综合医院
床位数量：600床
项目设计时间：2020年
项目建成时间：2023年
主创人员：唐炎潮　蒋杏超　苏世昌　谢雨琪　刘方松

■ 设计理念

1. 可持续发展

设计充分调研医院院区的历史传承、发展建设过程及现状情况，从可持续发展的角度，分析当地医疗环境实际情况及院区发展趋势，针对实际情况，设定本次改造升级的目标及设计原则。

2. 功能协调

设计充分尊重现状环境及建筑因素，考虑新建建筑与院区环境、已建成建筑的功能关系。整体统一考量院区原有功能布局设置及未来发展，新建与改造工程作为医疗设施的补充与提升，形成适合超前规模的完善医疗功能。规划重点考虑医院的医疗流程，以医疗程序、人流规划为主，理顺整个医院的脉络系统，并在此基础上调整功能空间。功能布局合理安排诊疗、病房、医辅、生活等区域。做到动静分区、洁污分流、上下呼应、内外相连、集分结合、方位易辨、地点易找。有利于医疗、有利于保障、有利于安全，最大程度的资源共享，减少人流、物流对患者的影响。

广东地区

3. 以人为本

项目规划建设坚持以患者为中心，借鉴先进医疗建筑规划设计理念，充分考虑患者需求，使患者获得规范、便捷、安全的医疗保健服务，尊重患者的身体、生理和心理需要，将人文关怀贯穿环境和医疗、护理服务的全方位、全过程；充分考虑医务人员需求，使医务人员有优良的工作环境为病患提供优质的医疗服务。避免新建建筑对现状环境产生较大破坏影响，同时重视建筑对自然采光通风和天然环保建材的使用，突出与环境、自然共生的绿色医院。

| 1 | 2 |
| | 3 |

图1：鸟瞰图
图2：院区主入口
图3：连廊及综合大楼

095

图4：院区停车场

图5：医院连廊

广东地区

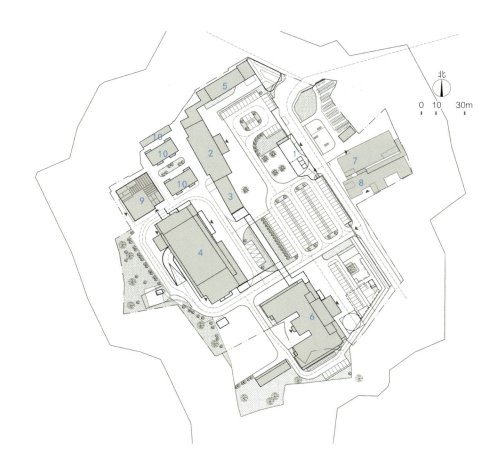

1 大门
2 门诊大楼
3 焕昌楼
4 综合大楼
5 医技楼
6 外科住院大楼
7 发热门诊
8 感染楼
9 消毒供应中心
10 宿舍

北

总平面图

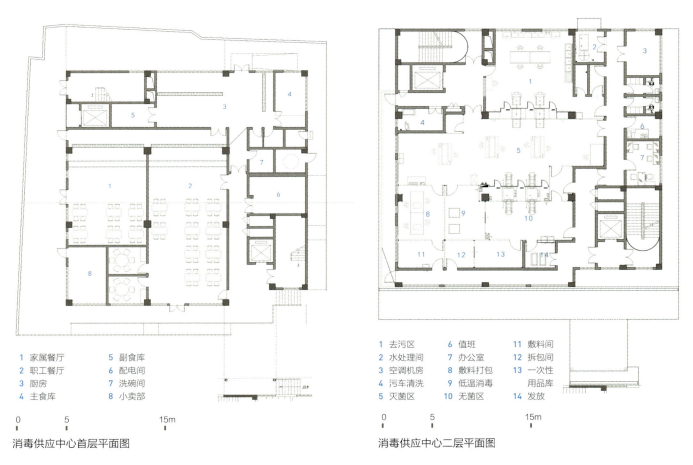

1 家属餐厅	5 副食库
2 职工餐厅	6 配电间
3 厨房	7 洗碗间
4 主食库	8 小卖部

消毒供应中心首层平面图

1 去污区	6 值班	11 敷料间
2 水处理间	7 办公室	12 拆包间
3 空调机房	8 敷料打包	13 一次性用品库
4 污车清洗	9 低温消毒	
5 灭菌区	10 无菌区	14 发放

消毒供应中心二层平面图

097

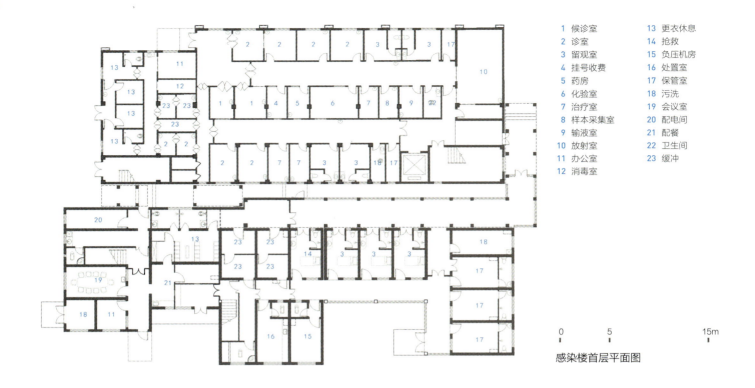

1 候诊室	13 更衣休息
2 诊室	14 抢救
3 留观室	15 负压机房
4 挂号收费	16 处置室
5 药房	17 保管室
6 化验室	18 污洗
7 治疗室	19 会议室
8 样本采集室	20 配电间
9 输液室	21 配餐
10 放射室	22 卫生间
11 办公室	23 缓冲
12 消毒室	

感染楼首层平面图

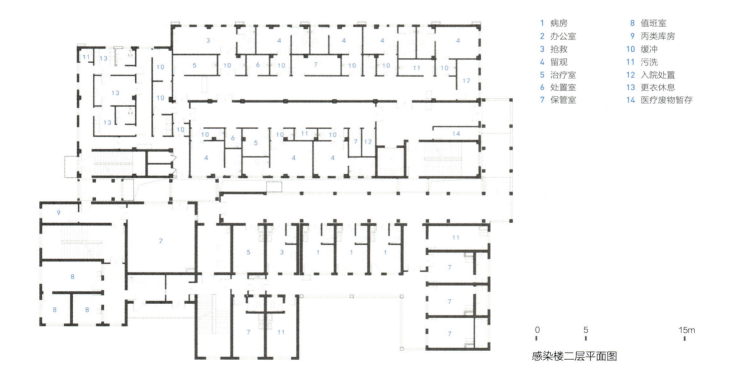

1 病房	8 值班室
2 办公室	9 丙类库房
3 抢救	10 缓冲
4 留观	11 污洗
5 治疗室	12 入院处置
6 处置室	13 更衣休息
7 保管室	14 医疗废物暂存

感染楼二层平面图

广东地区

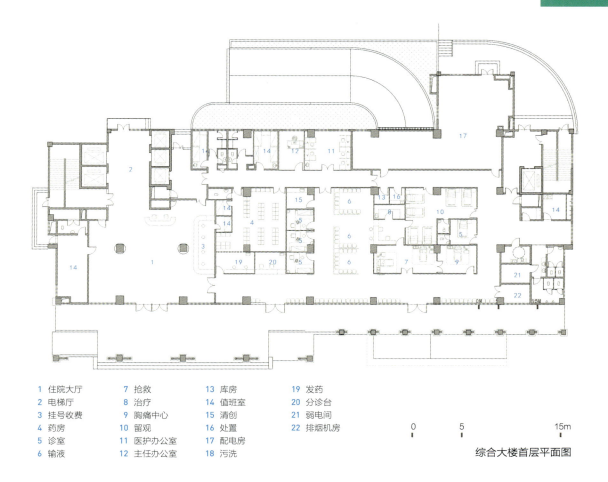

1 住院大厅	7 抢救	13 库房	19 发药
2 电梯厅	8 治疗	14 值班室	20 分诊台
3 挂号收费	9 胸痛中心	15 清创	21 弱电间
4 药房	10 留观	16 处置	22 排烟机房
5 诊室	11 医护办公室	17 配电房	
6 输液	12 主任办公室	18 污洗	

综合大楼首层平面图

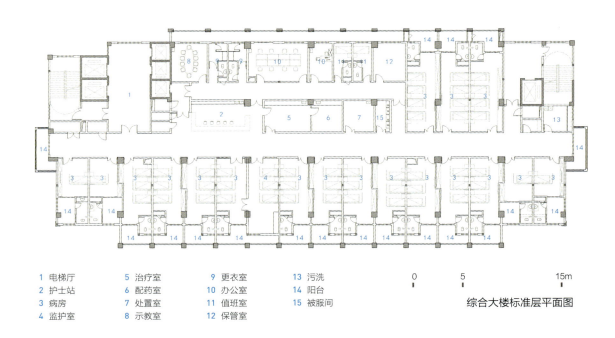

1 电梯厅	5 治疗室	9 更衣室	13 污洗
2 护士站	6 配药室	10 办公室	14 阳台
3 病房	7 处置室	11 值班室	15 被服间
4 监护室	8 示教室	12 保管室	

综合大楼标准层平面图

佛山市广佛云谷医院

建设地点： 佛山市南海区
建设单位： 佛山雍城置业有限公司
用地面积： 22371.32m²
建筑面积： 101219.93m²
医院等级： 三级康复医院
床位数量： 1200床位

项目设计时间： 2021年
项目建成时间： 预计2026年竣工
主创人员： 黄 欣　王 蕾　颜会闯　王志超　黄凯亮
　　　　　　吕志刚　李锦铭　呼书杰　朱虎归　丰 燕
　　　　　　降博睿　吴小虎

■ 设计理念

　　项目处于佛山市南海区三山新城魁奇路东沿线以南、港口南路以西、岗中路以东，为给病人在治疗时以重返山林之感，故此设计以"广佛云谷，云上三山"为设计理念。三栋塔楼寓意为自然中的三座山，裙房飘逸如云，围合成谷，是为"云上三山"。同时考虑建筑布局与城市空间关系，以形成目前总体规划框架。规划建筑最高层数20层，建筑总高度80m。

　　项目结合广场和休憩空间布置多层次绿化，包含庭院景观和4层架空层整层屋顶花园。项目充分考虑建筑体验的整体连续性，以建筑空间体现景观层次，使人们的活动范围内处处充满自然的景观，通过局部架空实现了建筑空间与景观空间之间的渗透和延伸。

广东地区

图1:主入口效果图
图2:鸟瞰效果图

佛山市第四人民医院公共卫生与应急传染病大楼

建设地点： 佛山市禅城区
建设单位： 佛山市代建项目管理中心
用地面积： 8938.97m²
建筑面积： 44410m²
医院等级： 二级甲等
床位数量： 322床
项目设计时间： 2019年
主创人员： 何 龙　吴思文　汤庆考　陈浩生　何 熹　呼书杰　丰 燕　吴小虎

■ 设计理念

1. 简洁的横向立面元素

建筑由于建筑体块之间的变化已十分丰富，在立面语言的选择上，设计采用同一种元素，不同的设计手法，使建筑造型整体统一，稳重而又充满活力。材质上延续一期建筑的白色外表皮，层间增加凸显层次感的深色材质，在融入周边环境之余，增加建筑形式的几何变化。

2. 架空层的趣味性

架空层为项目提供了交通联系、休息交流、遮风挡雨、咨询自助等功能，提供便利性的同时还大大增强了设计的趣味性。作为岭南地区的项目，建筑具有明显的地域特色。在功能上兼顾隔热、遮阳、通风等特点的医疗街风雨走廊，规整有序而又错落不一的建筑，格调自由的装饰，自然宜人的院落，共同构成丰富多样、典雅别致的廊、台、街、院空间。本案强调对于岭南气候的适应，通过多种技术手段，因地制宜设置骑楼、风雨廊、错台、医院街、冬暖夏凉的公共休憩空间等要素，完整而立体地体现绿色生态理念。

骑楼是一种近代商住建筑，在广东、广西、福建、海南等地曾经是城镇的主要建筑形式。作为一种典型的外廊式建筑物。这种欧陆建筑与东南亚地域特点相结合的建筑形式可以挡避风雨侵袭与炎阳照射，营造凉爽的环境。在现代建筑中，实现建筑内部空间与外部环境和谐的平衡。同时，兼顾岭南地区气候的环境因素，利用开放式的门面灰空间，将通风、采光、遮雨、避晒等问题一并解决。此策略运用在建设用地有限的医疗建筑前广场尤为合适，人流从公共交通系统进入医院时尽可能减少日晒雨淋，提供更好的便捷性。

露台是建筑的开放空间，岭南建筑在气候地理上的特点是开放、开朗、开敞，与大自然相融合，并长期与不同文化交流融合，加上吸取了岭南周围地区如荆楚、闽越、吴越文化以及海外文化的优点，形成多元、通透且富于变化的开放空间特征。同时，把庭园引入屋顶形成屋顶花园，营造别致的趣味空间。

梳式布局是过去广府传统村落采用的布局，民居通过厅堂、天井、廊道及巷道组成通风系统。村庄就像一个大空间，而村内的大小街巷、天井、厅房就像在大空间中分割而成的一个个不同的小空间。这种空间组合的对比差异，就形成了气压差，也就为通风创造了条件。

岭南庭院通常采用"连房广厦"的布置方式，即以庭为中心，建筑绕庭而建，从而围成内庭园林空间，使庭园空间与日常活动空间紧密结合。通过对庭院空间既隔又连、富于变化地划分，同时通过空间的形状、大小、开合、高低、明暗，以及景物的疏密，使之产生一种连续的节奏感和协调的空间体系。

1	
2	

图 1：建筑主视图
图 2：主立面效果图

广东地区

3 | 4
  | 5

图3：内庭院景观
图4：门诊医技楼主入口外立面
图5：建筑庭院

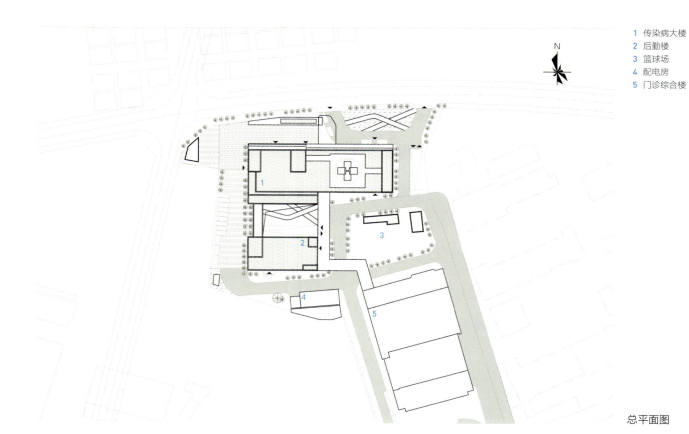

1	传染病大楼
2	后勤楼
3	篮球场
4	配电房
5	门诊综合楼

总平面图

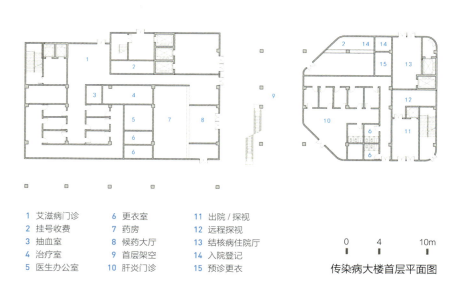

1	艾滋病门诊	6	更衣室	11	出院/探视
2	挂号收费	7	药房	12	远程探视
3	抽血室	8	候药大厅	13	结核病住院厅
4	治疗室	9	首层架空	14	入院登记
5	医生办公室	10	肝炎门诊	15	预诊更衣

传染病大楼首层平面图

广东地区

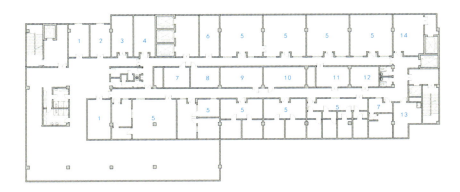

1 资料室　　　6 血清学诊断　　11 血清库
2 实验办公室　7 准备　　　　　12 超低温冰箱室
3 样品接收　　8 试剂间　　　　13 样品处理室
4 样品存放　　9 实验资料存放　14 洗涤消毒
5 实验室　　　10 艾滋病储藏

传染病大楼三层平面图

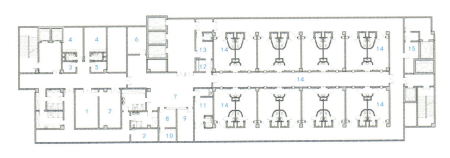

1 会议示教　　6 护士休息　　11 抢救
2 办公室　　　7 护士站　　　12 接诊
3 配餐　　　　8 配药室　　　13 预诊
4 值班室　　　9 治疗室　　　14 手术室
5 被服　　　　10 处置室　　　15 污物电梯

传染病大楼标准层平面图

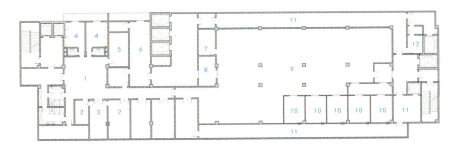

1 护士休息厅　5 被服　　　　9 ICU 大厅
2 办公室　　　6 家属等候　　10 ICU 病房
3 会议室　　　7 储藏室　　　11 探视登记
4 值班室　　　8 换床间　　　12 污物电梯

传染病大楼 ICU 平面图

中国医学科学院阜外医院深圳医院三期

建设地点： 深圳市南山区
建设单位： 深圳市建筑工务署工程设计管理中心
使用单位： 中国医学科学院阜外医院深圳医院
用地面积： 13220m²
建筑面积： 185165m²
医院等级： 三级甲等
床位数量： 850床
项目设计时间： 2020—2021年
主创人员： 何显毅（中国）建筑工程师楼有限公司：
俞东昊　王　龙　王　为
深圳分院：
唐炎潮　蒋杏超　刘方松

■ 设计理念

本设计主要围绕三个现代医疗建筑的核心点去展开规划与设计，旨在解决与原有建筑的衔接问题，规划合理的医疗流线以及设计出优质且高效的现代医疗建筑。在布局模式层面，设计尊崇并延续了一期、二期的规划布局理念，使得医疗建筑体系本身具有城市界面的统一性。在此基础上，提升住院楼体系，增加绿化平台，给低层空间留出更多的公共和交通空间。

在原有建筑一期与新建三期建筑之间设置了南北向的公共交通廊，其半室外的空间属性，既充当了医疗院街的作用，又极大地拓展了整个新建院区的公共活动区域范围，与其连接的风雨连廊慢行系统也解决了新建建筑与一期建筑的接驳问题。

三期建筑的入口大厅是一个五层通高的中庭系统，在这里我们添置了生命树的设计，寓意生生不息、充满希望，向病患传达乐观向上的精神。围绕生命树，通高大厅北侧设计有公众大讲堂，医生与患者在这里沟通对话，建立起和谐的医患关系。大厅与医疗街垂直连通，形成一个大"T"，成为三期建筑的主要交通系统。

三期作为阜外医院深圳医院的收官之作，其承担的功能除了普通医疗体系以外，还增添了国际医疗体系。一套建筑、两个体系，为了更好地将三期划分为相对独立又和谐的空间，设计分别将两个体系设置于场地的南北侧，再通过裙楼五层通高的公共大厅串联，形成一个完整的建筑体系。除此之外，三期建筑的功能在纵向布局上与一期建筑也都一一对应，使医护患者可以更高效地穿行和享受优质的医疗系统。

我们倡导绿色文化，在中庭种下生命之树，把医疗街装点成植物森林，在住院楼上添置绿化阳台，进一步利用建筑的架空空间给医护患者创造出有利于疗养的空中花园。

1	
	图1：整体鸟瞰图
2	图2：中庭效果图

图3：公共交通廊人视图

图4：内部廊道效果图

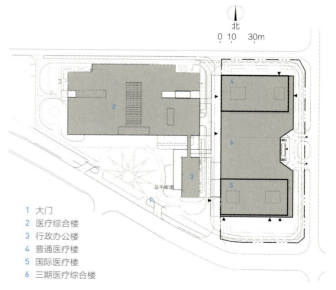

总平面图

1 大门
2 医疗综合楼
3 行政办公楼
4 普通医疗楼
5 国际医疗楼
6 三期医疗综合楼

广东地区

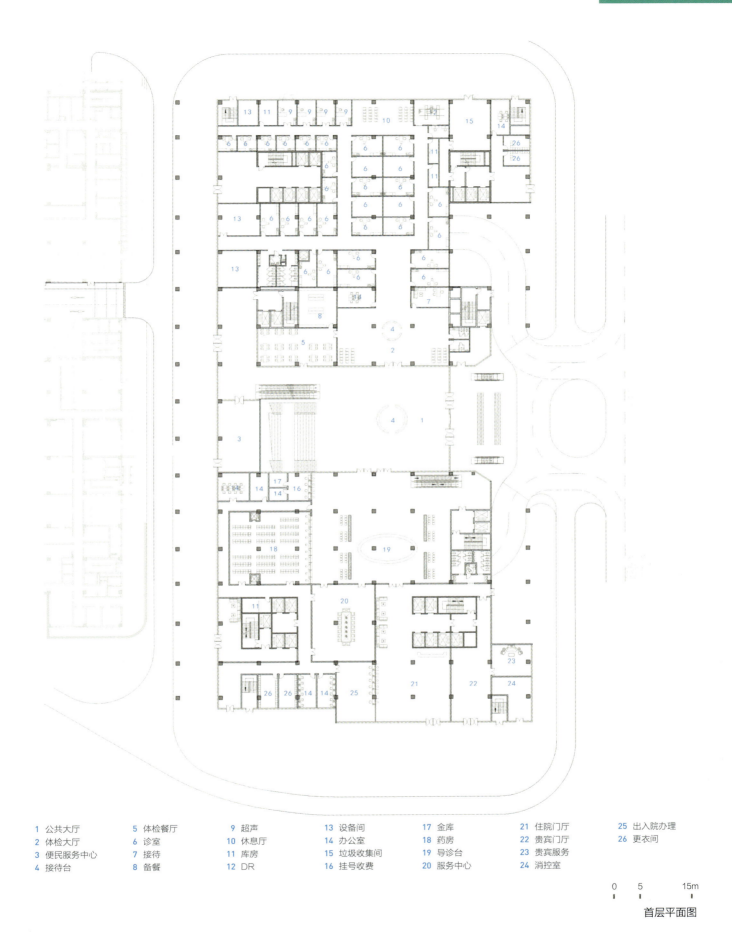

1 公共大厅	5 体检餐厅	9 超声	13 设备间	17 金库	21 住院门厅	25 出入院办理
2 体检大厅	6 诊室	10 休息厅	14 办公室	18 药房	22 贵宾门厅	26 更衣间
3 便民服务中心	7 接待	11 库房	15 垃圾收集间	19 导诊台	23 贵宾服务	
4 接待台	8 备餐	12 DR	16 挂号收费	20 服务中心	24 消控室	

0 5 15m

首层平面图

广州市萝岗红十字会医院二期

建设地点: 广州市黄埔区
建设单位: 萝岗红十字会医院
用地面积: 19093m²
建筑面积: 87201.8m²
医院等级: 二级甲等
床位数量: 600床
项目设计时间: 2017年
主创人员: 王 晖　李泽贤　何 龙　吴思文　汤庆考　陈浩生

■ 构思意图

整体设计上，项目根植于传统岭南建筑文化，通过绿色现代建筑理念整合院区形象，充分利用新建医技住院楼和后勤保障楼的建筑体量，增加可识别性，强化医院的整体形象，打造现代化的医院空间形象。具体通过架空局部楼层，缓解建筑体量对院内空间的压迫感，并由此获得更多的活动空间。根据建筑退让与日照关系错开体块，增加病房南向阳面，提升病房楼层的居住环境，且在新老建筑之间设置相应的水平交通体系，使得新老建筑之间能取得便捷的连廊联系。

■ 布局特点

遵循场地现状和功能需求，通过垂直交通对门诊、医技和住院区进行有机连接，且设计架空层取得额外的活动空间，以此来改善院区用地紧张的局促环境，形体上通过错位和架空的方式营造流动的建筑空间，形成良好的绿化景观视点，给予医患共享舒适的绿色环境。

建筑与大自然结合，即充分利用有限的场地，为医患人员尽可能地创造出更多更适宜的休憩绿化空间，利用新旧建筑围合出的庭院形成多个层次的组团交互的活动空间。使用连廊将建筑与建筑、庭院与庭院串联起来，方便雨天在建筑群中穿行。

风格上延续岭南文化，从传统岭南建筑抽象多种构筑符号（遮蔽空间、风雨连廊、骑楼文化等）运用在细节设计上，并强调对于岭南气候的适用，通过多种技术手段，因地制宜设置风雨廊、绿色屋顶、绿色遮阳、冬暖夏凉等公共空间要素，低成本体现绿色生态理念，达到益产宜人的效果。

广东地区

1	2
	3

图1：主入口效果图
图2：鸟瞰图
图3：建筑透视图

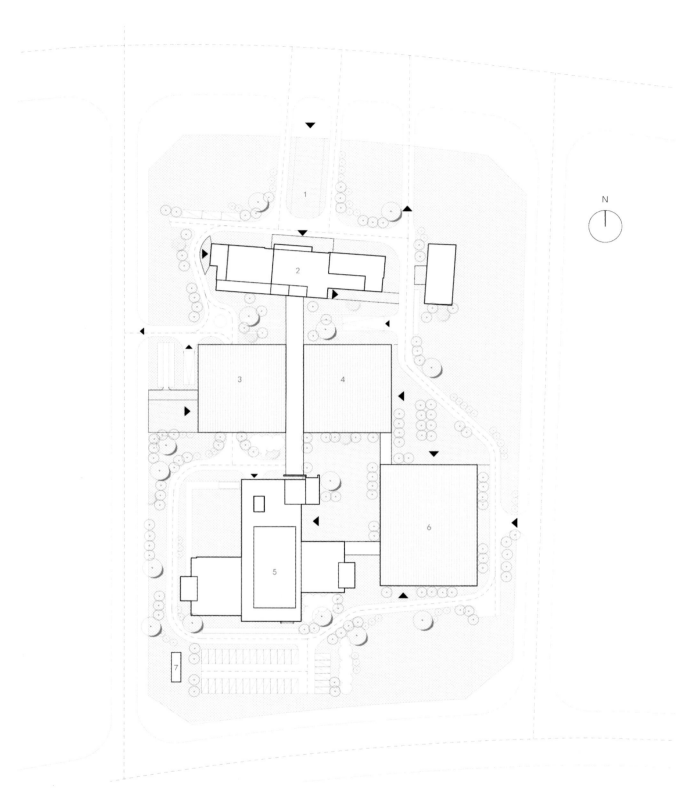

1 医院出入口广场
2 综合楼
3 医技住院楼
4 后勤保障楼
5 康复楼
6 精神科业务楼
7 污水处理站

0 5 15m

总平面图

广东地区

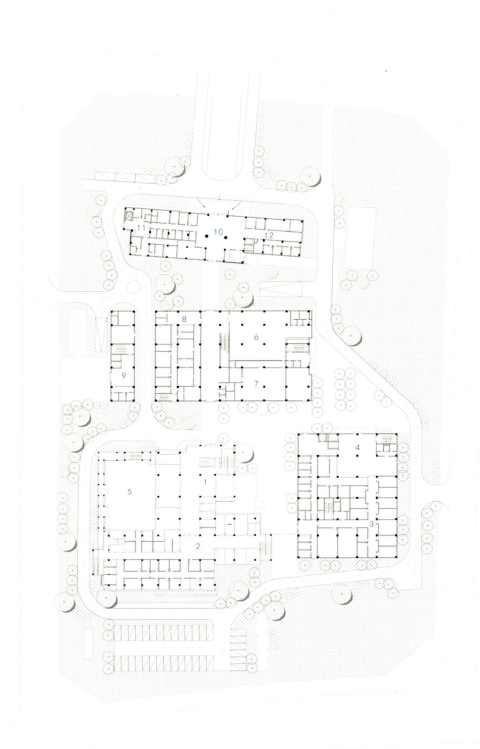

1 康复楼门厅
2 体检中心
3 精神科门诊
4 精神业务楼大堂
5 内庭院
6 病人食堂
7 厨房
8 放射中心
9 医技住院楼入口
10 综合楼大堂
11 急诊中心
12 综合门诊

0 5 15m

首层平面图

广东药科大学附属第一医院

建设地点：广州市越秀区
建设单位：广东药科大学附属第一医院
用地面积：18427m²
建筑面积：106281.6m²
医院等级：16436.52m²
床位数量：735床
项目设计时间：2020年
主创人员：王晖 黄欣 田甜 李正茂 郭国恒 刘玉娇

广东地区

■ 设计理念

中国传统园林常常在有限的庭院中创造丰富的观赏流线和空间形态,在自家院落收纳自然万物,探索各个空间使用的可能性;广东医科大学附属第一医院改造项目同样需要在有限的空间中打造流线复杂的现代医院空间,并满足各功能的使用面积。

借用园林的设计手法,我们提出叠"山"理"水",化整为零的设计理念。

"山"为空间,是使用功能的基本面积指标要求。在有限的范围内向上堆叠,达到空间在"量"上的满足。

"水"为流线,梳理清医院功能之间的逻辑关系,使流线顺畅高效。

化整为零:从城市设计层面出发,项目所处的城区新旧建筑杂糅,有高容积率的高层建筑,也有高密度的旧式民居。借用园林选石造山手法——"透、漏、瘦、皱",将医院庞大的体量在立面形体上化整为零,尽量避免高容积率带来的压迫感。

1　图1:鸟瞰效果图

图2:南向鸟瞰图
图3:院区总鸟瞰图

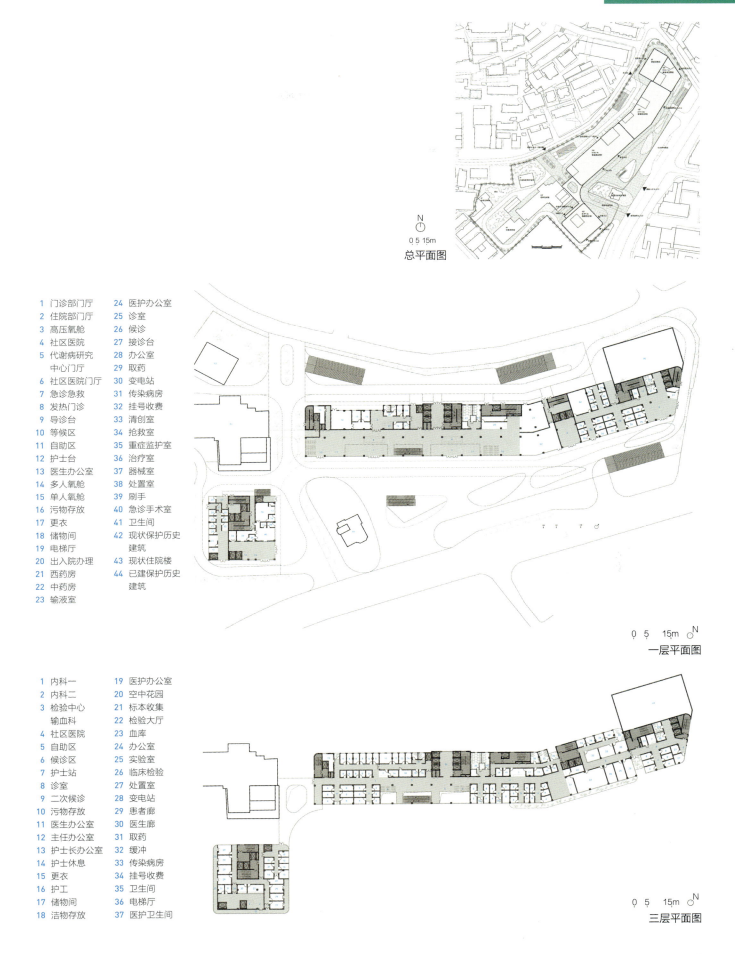

梅州市蕉华社区医院

建设地点：梅州市蕉华县	床位数量：200床
建设单位：蕉岭县焦华社区卫生服务中心	项目设计时间：2021年
用地面积：15248m²	主创人员：黄 欣　杨剑维　李荣彬　吴校军　王 蕾
建筑面积：15700m²	颜会闯　王志超　何 江　呼书杰　黄 俊
医院等级：社区医院	林柳婷　罗 强　何佳泽　邓博雅　徐贤标
	何 洁　何 熹　吴享辉

项目建设定位为以慢性病及亚健康疾病治疗为主的康养中心，适当兼顾养老。项目紧邻景观优美的厄子湖水库，因此提出"医养结合"的新模式，在设计的时候充分考虑利用周边的环境与资源，从而打造出高端的康养中心。同时，根据周边规划条件可以进行远期规划建设，打造出粤港澳大湾区的康养示范点。

■ 设计特色

1. 营造安静且优美的环境
为提供更好的服务，帮助患者与老人康复休憩，营造更好的室内与室外环境。

2. 创造更多的室外活动空间
给康复人群设计更多的休闲散步的空间，有利于其更快恢复。

3. 创造温馨舒适的探望照料空间
综合考虑私密空间的设计和供患者与亲属交流散步的安静空间，便于家人陪护。

4. 考虑人群多样性
主要通过多种类型的康养单元来提供多种多样的康养服务，满足不同人群的需要。

■ 设计手法

该项目建筑设计以"花园式"近水楼台为理念，建筑形态从客家传统建筑中抽取排屋的排列线和屋脊的流线，再利用国画的白描手法加以抽象和重新生成，提取出具有东方韵味的线条。

著名数学家邱成桐家乡位于项目地蕉岭县。因此，项目的立面创意通过抽象化数学的形象来体现数学的韵律，从而展现当地浓厚的文化底蕴和展望未来的长远目标。

1. 庭院式布局

项目采用庭院式布局，将康养服务中心、医疗配套、附属工程等依园林庭院布局依次展开，西侧康养大厅为主要形象展示面。入口规划象征客家风水塘的景观水池，北侧设计高端康养中式花园，中端康养区设计屋顶花园，通过景观阳台的设计化解西侧水库堤坝的高差对视线的遮挡，从而创造面向厄子湖水库的宽敞景观面，营造舒适静谧的康养环境。

设计同时考虑南侧的未来发展空间预留，并通过休闲栈道的规划，建设裙房屋顶到水库的休闲步道，营造舒适的康养环境。

2. 生态绿色建筑

该项目为绿色二星级建筑，外立面主要采用了竖向富有韵律感的外遮阳板形式，在起到遮阳作用的同时又营造了丰富的室内光影效果。内部通过富有节奏的平面设计营造舒适的自然通风及采光，裙房屋顶设计采光筒提供首层架空区域采光，屋顶设计太阳能光伏板，起到遮阳的同时，为内部提供电能。

3. 装配式建筑

该项目作为梅州市装配式示范项目，其公共卫生服务部采用装配式建造。项目借助周边装配式工厂的优势，采用预制柱技术、叠合板技术、ALC条板技术、装修和设备管线装配式技术、BIM技术，实现了钢筋混凝土建筑施工的装配化，本项目建造方式具有高效率、精度高、质量高、可大幅降低人工依赖、低碳环保等优点。装配式技术设计符合广东省《装配式建筑评价标准》装配率的要求，装配率为78%，达到AA级装配率建筑。

图1：主立面效果图

2	
3	4

图2：院区鸟瞰图
图3：康复区人视图
图4：康养区人视图

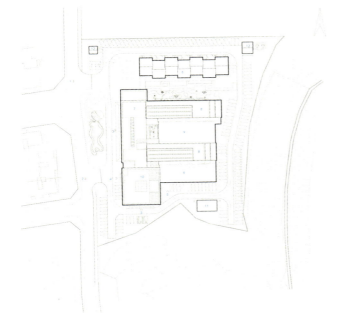

1　院区主出入口
2　院区次出入口
3　公共卫生入口
4　预防保健入口
5　非机动车库出入口
6　康养服务中心
7　医疗综合服务部
8　康复服务中心
9　平台花园
10　公共卫生服务部
11　医疗生活垃圾转运站
12　污水处理站
13　汇流排间
14　体育活动场地

0 5　15m

总平面图

广东地区

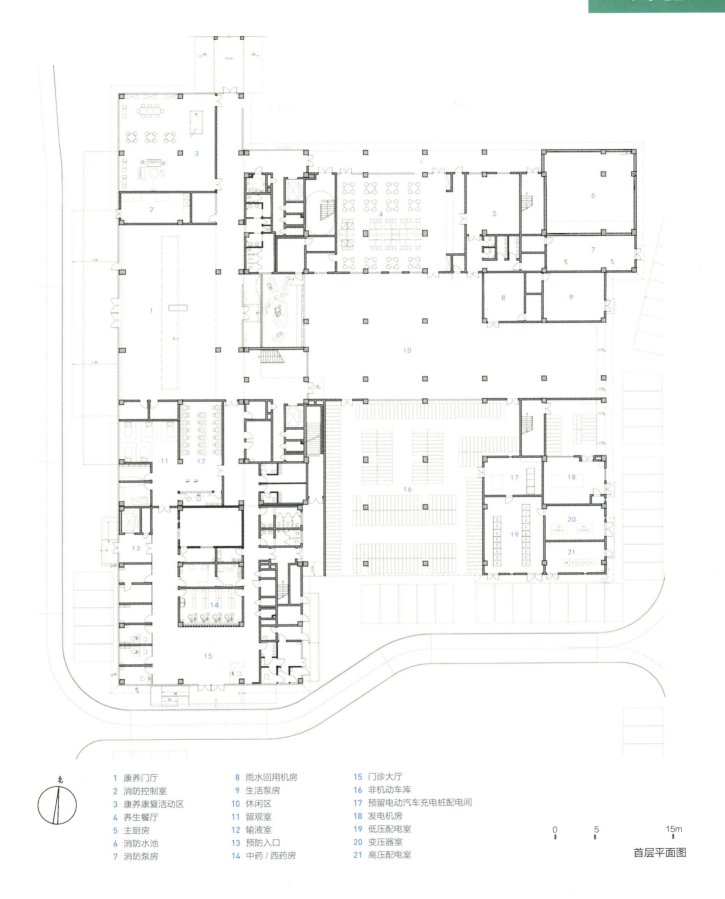

1 康养门厅
2 消防控制室
3 康养康复活动区
4 养生餐厅
5 主厨房
6 消防水池
7 消防泵房
8 雨水回用机房
9 生活泵房
10 休闲区
11 留观室
12 输液室
13 预防入口
14 中药/西药房
15 门诊大厅
16 非机动车库
17 预留电动汽车充电桩配电间
18 发电机房
19 低压配电室
20 变压器室
21 高压配电室

首层平面图

肇庆市封开县中医院住院楼

建设地点：肇庆市封开县
建设单位：封开县中医院
用地面积：17226m²
建筑面积：16436.52m²
医院等级：二级乙等
床位数量：350床
项目设计时间：2020年
主创人员：王晖 黄欣 田甜 李正茂 郭国恒

■ 设计理念

根据现代化中医医院设计的理念，结合封开地域特点，提出以下设计思想：
1）以病人为中心的人性化医疗及保健空间；
2）高效集中、舒适便捷的公共空间和就诊空间；
3）清晰明确的功能分区，保健人群与病患人群布局合理，避免交叉感染；
4）新型、绿色的现代化的中医医院；
5）注重"以人为本"的人性化理念，营造愉快舒适的就医环境，并通过简洁顺畅的流线组织、清晰合理的功能部局、简单易懂的标志系统引导保健人群、患者及家属顺利完成保健、就医和探访。

6）各功能部分相对集中布置，缩短部门之间的距离，便于病人就医，满足病人急切就诊的心理。

7）建筑形式简洁现代，符合封开地域建筑特色，与周围环境协调，功能分区明确，交通流畅、导向清晰。做到医患分流，人车分流，洁污分流。保证了病人在院区内的就医安全。

8）创造一个绿色环保、生态节能的医院，在自然通风采光、空调节能、可再生能源的利用等层面都进行周全的考虑，使之将成为绿色节能医院的典范。

■ **建筑造型**

在建筑单体造型概念上，建筑立面强调水平向线条，与整个场地的现状门诊楼立面水平向开窗相契合，外立面以米黄色干挂石材为主，分层线以灰色真石漆为主。垂直方向上，因为建筑高度较低，为增加视觉上的挺拔感，在屋顶装饰层进行了镂空与竖向拉伸，以增加住院楼整体的稳重与大气。

建筑形体演绎出现代化医院的简约、时尚、质感。又表达出中医院的深厚内涵。由外到内，由内及外的展现现代医院的现代简约而不简陋，便捷、舒适美观。建筑形态通过适应院区，灵动而不失典雅地布置在环境当中。

| 1 | 2 |

图1：封开中医院人视图
图2：鸟瞰图

图3：鸟瞰图

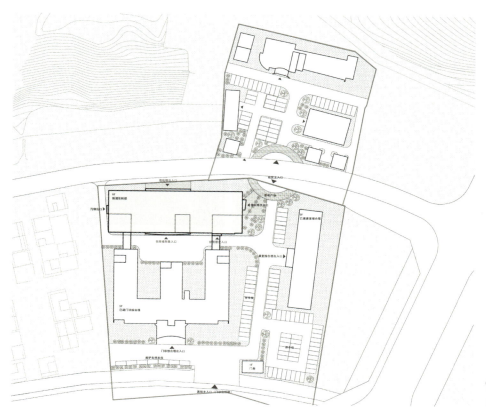

总平面图

广东地区

1 架空空间	7 值班室	13 污物存放
2 问询台	8 便利店	14 污洗间
3 等候区	9 信息机房	15 消防室安控室
4 出入院办理	10 设备房	16 现状建筑
5 业务用房	11 电梯厅	17 医护卫生间
6 中心药房	12 储物	18 卫生间

一层平面图

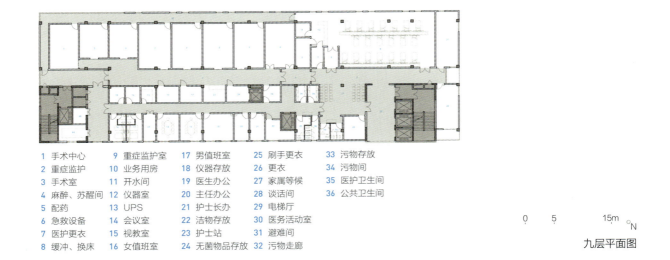

1 手术中心	9 重症监护室	17 男值班室	25 刷手更衣	33 污物存放
2 重症监护	10 业务用房	18 仪器存放	26 更衣	34 污物间
3 手术室	11 开水间	19 医生办公	27 家属等候	35 医护卫生间
4 麻醉、苏醒间	12 仪器室	20 主任办公	28 谈话间	36 公共卫生间
5 配药	13 UPS	21 护士长办	29 电梯厅	
6 急救设备	14 会议室	22 洁物存放	30 医务活动室	
7 医护更衣	15 视教室	23 护士站	31 避难间	
8 缓冲、换床	16 女值班室	24 无菌物品存放	32 污物走廊	

九层平面图

桂平市人民医院江北院区传染病区

建设地点：贵港市桂平市
建设单位：桂平市人民医院
用地面积：80211m²
建筑面积：30000m²
医院等级：二级甲等
床位数量：150床

项目设计时间：2021年
项目建成时间：2023年
主创人员：颜会间　唐熠澜　邬明初　欧阳铄　吴志刚
　　　　　　李锦铭　林　斌　黄伟逢　杨剑维　呼书杰
　　　　　　朱虎归　洪淑艳　吴子健　丰　燕　邓博雅
　　　　　　黄　凯　吴校军　周浩祥　吴享辉　何　洁
　　　　　　吴泽鹏　刘骏祺　王德霖

广西地区

■ 设计理念

项目注重"以人为本"的人性化理念,同时严格坚守洁物空间分流、感染病区防护隔绝、医护病区双重更衣加防护服穿脱原则进行空间布置,来实现安全的不发生交叉感染的良好医疗与就医的环境,流线组织清晰合理,功能布局分区明确,标志系统简单易懂,患者及家属可以顺利完成就医和探访,同时分流医护、科研、后勤人员,避免接触感染患者。

在建筑立面的造型设计上,将以"梯田之美,构筑建筑之肌"作为设计理念。充分尊重广西文化、大地肌理以及原有场地已建成建筑。外立面构件吸取梯田的减退态势,色彩上选用与原有建筑一致的颜色,屋顶采用双层屋面的形式,形成良好的隔热、通风空间。在与原有建筑保持和谐关系的同时,新建筑在四角的处理上采用了圆角的形式,更符合当下医疗建筑平易近人的形象。

1 图1:建筑整体效果图

图2：传染病区鸟瞰图

图3：传染病楼人视效果图

图4：病房效果图
图5：电梯厅效果图
图6：出入院大厅效果图
图7：诊室效果图
图8：病房走道效果图

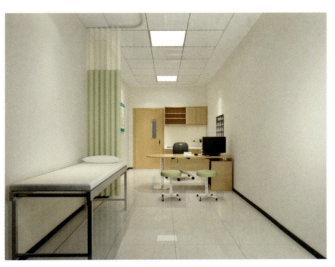

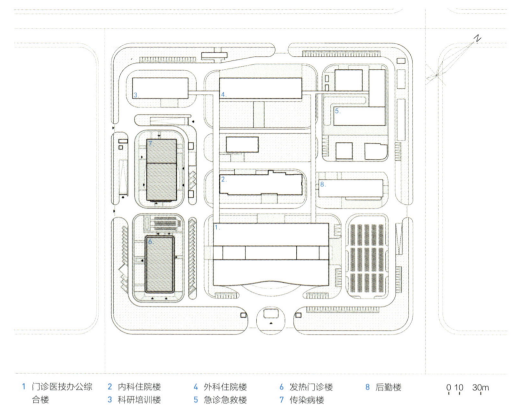

1 门诊医技办公综合楼	2 内科住院楼	4 外科住院楼	6 发热门诊楼	8 后勤楼
	3 科研培训楼	5 急诊急救楼	7 传染病楼	

总平面图

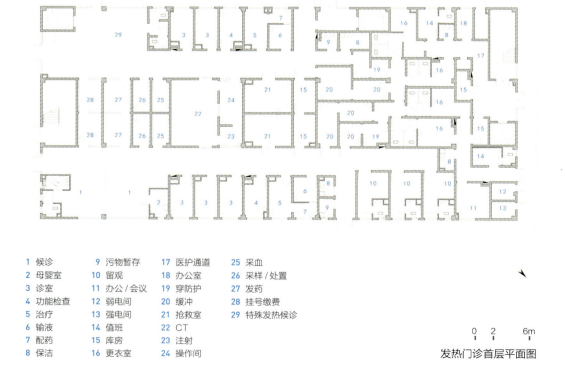

1 候诊	9 污物暂存	17 医护通道	25 采血
2 母婴室	10 留观	18 办公室	26 采样/处置
3 诊室	11 办公/会议	19 穿防护	27 发药
4 功能检查	12 弱电间	20 缓冲	28 挂号缴费
5 治疗	13 强电间	21 抢救室	29 特殊发热候诊
6 输液	14 值班	22 CT	
7 配药	15 库房	23 注射	
8 保洁	16 更衣室	24 操作间	

发热门诊首层平面图

广西地区

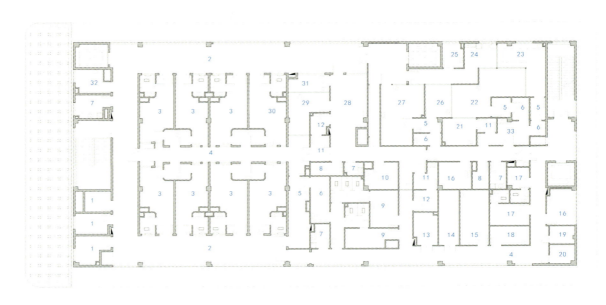

1 库房	10 医生办公室	19 弱电间	28 护士站
2 患者通道	11 缓冲	20 强电间	29 配药
3 留观	12 穿防护服	21 试剂准备	30 抢救室
4 医护通道	13 物资库	22 样本提取	31 处置室
5 缓冲1	14 耗材库	23 扩增区	32 污物回收间
6 缓冲2	15 会议/示教	24 洗消间	33 PCR走廊
7 保洁	16 办公室	25 污物暂存间	
8 库房	17 值班室	26 标本接收	
9 更衣室	18 监控室	27 综合检验区	

0 2 6m
发热门诊二层平面图

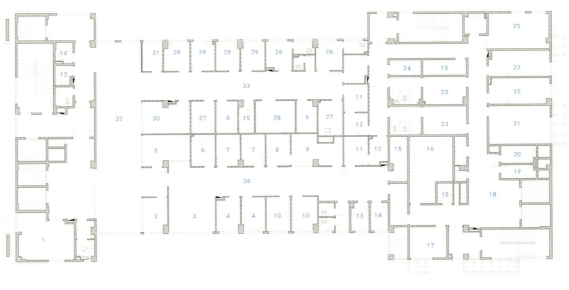

1 空调机房	10 诊室	19 弱电间	28 抢救室
2 挂号收费	11 缓冲1	20 强电间	29 诊室
3 护士站	12 缓冲2	21 办公/会议	30 发药
4 咨询	13 污物回收间	22 办公	31 备用收费
5 采血/取样	14 保洁间	23 更衣室	32 等候大厅
6 治疗/处置	15 库房	24 穿防护服	33 门诊
7 备用诊室	16 视频监控	25 净化机房	34 关爱门诊
8 录入室	17 远程会议	26 观察室	
9 档案室	18 医护电梯厅	27 检查室	

0 2 6m
传染病楼二层平面图

玉林市第一人民医院区域医疗中心业务楼

建设地点：玉林市玉川区
建设单位：玉林市第一人民医院
用地面积：141737.62m²
建筑面积：518609.15m²
医院等级：三级甲等
床位数量：4000床
项目设计时间：2022年
项目建成时间：预计2025年竣工
主创人员：王 晖 黄 欣 田 甜 王 蕾 邹恩葵

张庆晖 张志坚 杨剑维 吴校军 袁小华
陈述今 田小霞 苏 伟 邬明初 郭国恒
丘礼涵 庄 洁 龙化波 何 江 何 洁
呼书杰 黄 俊 吕志刚 何 熹 吴子健
李晓鹏 吴小虎 徐贤标 何佳泽 钟 健
邓博雅 丰 燕 何 洁 刁晨莹 王德霖
刘骏祺
获奖情况：2020—2021年广东省优秀工程咨询成果二等奖

■ 设计理念

1. 项目开发理念

本项目的开发以建成集医疗、教学、科研为一体，兼有保健、康复功能，科室设置和功能分区合理，医技诊疗资源共享的现代化综合医院为目标。项目建成后为玉林市人民提供多层次的医疗服务，辐射华南地区，极大地改善了当地城市医疗服务水平和就医环境，为玉林市树立了一个地标，满足了人民日益增长的医疗需求。

2. 规划设计理念

本次规划的出发点是充分尊重城市规划、尊重城市的肌理，从整体出发，兼顾医院未来的发展而进行。以"科学性、实用性、前瞻性相结合"为定位指导原则；以"人性化、特色化、现代化、开放化、生态化、景观化"为主要设计理念。

1）明确功能分区，细化医疗流程，理顺各部门之间的关系，安排院区的各个出入口之间的位置，合理规划院区内的交通流线。做到布局紧凑、空间适宜，为病人提供高效舒适的就医环境。

2）充分考虑未来发展需求与后期发展可能性，采用整体规划内区块划分规划，同时满足医院功能分区明确、功能更加完善，使未来建成的玉林市人民医院具有更大的灵活性、扩展性和导向性。

3）规划出一条医院街，以动线将急诊、门诊、医技、住院串联，功能分区明确、导向清晰、流线便捷。

4）在特定的基础上提出最佳的现代化医院的设计标准，采用先进的医疗设备、建筑系统和信息管理技术，强调医院内部的高效率运转的医疗服务模式。

3. 建筑外形及立面设计理念

1）以简洁的体量、流畅动感、充满张力的建筑外形，注重空间的阳光感、流动感、体量感，主楼体形舒展，各单体立面肌理均匀、连续、尺度、韵律相近，整体感强，使用非常简洁的手法塑造出多层次的视觉焦点和城市延伸，体现出大道至简的设计理念。

2）在住院楼西面设计了垂直绿化，缓解了建筑西晒问题，同时增加了建筑沿街面的观赏性。

4. 绿色生态节能设计理念

设计思想上以"绿色生态医院"为目标，创造天然、无害的绿色医疗环境和良好的室内外自然生态绿化，创造出全新生态理念。设计追求与空气阳光的充分接触，休闲空间的自然和开放的设计理念，采用多种形式沟通人与自然的连接，注重自然通风与采光，打造尺度适宜的公共文化空间，突出当地环境特色，创造与自然和谐共生的绿色医院。本项目建筑设计按照国家绿色建筑二星级标准设计。

5. 景观绿化设计理念

倡导自然与人、景观与人的和谐共处，本方案借鉴了广西地域景观的独特设计手法，形成多层次、全方位、立体化丰富多变的整体景观，强调人与环境的相融相生。

| 1 | 2 |

图1：总体鸟瞰效果图
图2：住院楼效果图

图3：门诊楼昼景
图4：住院楼鸟瞰图
图5：门诊楼夜景

广西地区

1 急诊大楼	8 综合办公楼	15 附属用房
2 住院大楼	9 健康体检中心	16 学术交流中心
3 门诊楼	10 药学综合楼	17 高压氧舱
4 医技综合楼	11 住宅楼	18 疫情防控楼
5 肿瘤中心	12 综合住院楼	19 核医学
6 脑科中心	13 实验业务楼	20 放疗中心
7 心脏中心	14 全自动停车楼	

0　50　150m

总平面图

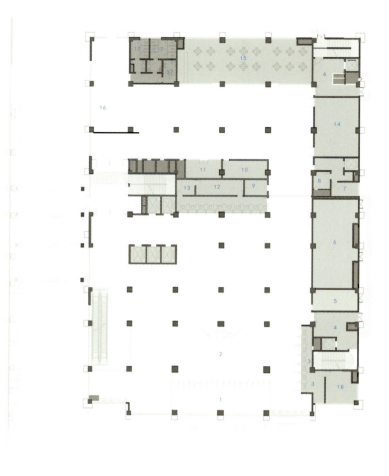

1	入口门厅	10	汇聚机房
2	门诊大厅	11	生活超市
3	挂号	12	资料室
4	合用前室	13	财务室
5	高压配电房	14	空调机房
6	低压配电房	15	咖啡饮品
7	污洗间	16	医疗街
8	保洁间	17	卫生间
9	轮椅平车暂存	18	辅助用房

门诊楼首层平面图

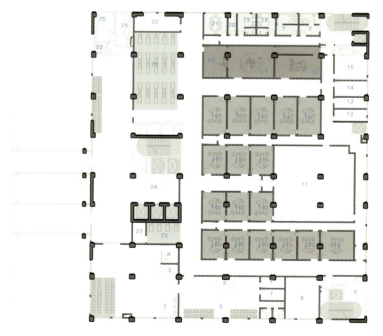

1	一次候诊区	14	保洁间
2	自助服务	15	纯水处理机
3	护士站	16	控制室
4	收费室	17	ERCP
5	二次候诊区	18	EDS
6	麻醉分诊台	19	值班室
7	更衣室	20	UPS 间
8	耗材室	21	会议室
9	合用前室	22	麻醉间
10	内镜操作间	23	苏醒区
11	洗消间	24	电梯厅
12	污物暂存（丙类）	25	卫生间
13	标本间		

门诊楼八层平面图

广西地区

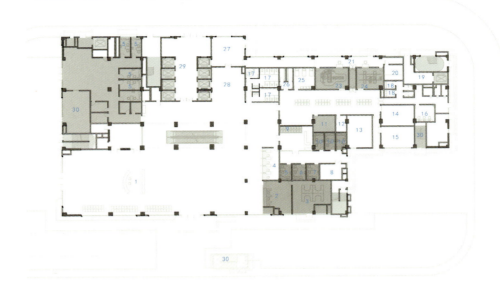

1 导诊台	11 阅片报告发放	21 操作间
2 取药厅	12 丙类库房	22 CT
3 药房	13 10kV 开关房	23 DR 设备间
4 出入院办理	14 预留 MR	24 注射留观区
5 诊室	15 预留设备	25 病患更衣室
6 检查室	16 会议办公室	26 医护大厅
7 试戴室	17 卫生间	27 门诊电梯厅
8 加压机房	18 更衣室	28 住院电梯厅
9 一次候诊	19 前室	29 急救室
10 验光室	20 DR 设备间	30 地下室楼梯

0　5　15m

住院楼首层平面图

1 咨询大厅	11 诊室	21 洗消间
2 护士站	12 照相	22 内镜操作间
3 治疗室	13 美容室	23 内镜机房
4 更衣室	14 一次候诊区	24 耳鼻喉内镜
5 丙类无菌物品	15 二次候诊区	25 麻醉间
6 休息室	16 处置室	26 更衣室
7 辅助用房	17 变态反应	27 听力中心
8 配电室	18 鼻功能检查	28 眩晕中心
9 换药室	19 空调机房	29 卫生间
10 缓冲	20 雾化反应	30 办公室

0　5　15m

住院楼四层平面图

桂平市人民医院新门诊楼（原农机公司大楼）

建设地点：贵港市桂平市　　项目设计时间：2018年
建设单位：桂平市人民医院　　项目建成时间：2020年
用地面积：2514.12m²　　主创人员：王　晖　黄　欣　王如荔　邹恩葵　张志坚
建筑面积：13907.5m²　　　　　　张庆晖　吴校军　袁小华　苏　伟　李正茂
医院等级：三级医院　　　　　　　黄　俊　呼书杰　邓博雅　丰　燕　黄伟逢
床位：220床　　　　　　　　　　陈文国

设计理念

1. 设计原则

本项目位置特殊，虽位于主院区之外，但地处多条道路交叉口，且面向城市广场。因此，作为门诊楼承担着院区门户和形象展示的重要作用。

设计方案与区域景观规划相协调，充分尊重和利用现有环境，结合建筑的需要，布置室外空间。注重城市环境设计、建筑内外空间秩序、建筑空间布局的序列和建筑环境景观设计，着重分析场地竖向和待建建筑之间的空间关系，合理组织各项功能并处理好各功能区段间空间景观的衔接，充分体现环境特色，展现院区新形象。

2. 设计策略

在将既有的商业建筑改造为医疗建筑的过程中应注意以下问题：

1）从建筑年代、结构形式、平面布局、使用情况等方面对现状建筑进行评估，确定改造策略，并视情况对建筑进行鉴定加固；

2）重新梳理平面动线，将复杂的医院流线组织进被限制的平面中，合理改扩建，并确保病人流线简单明晰；

3）尊重原有建筑体量，通过新材料的运用打造建筑新形象。

桂平市人民医院新门诊楼项目不仅解决了当地医院发展的实际需求，更通过实践总结出既有建筑改造为医疗建筑的经验，为以后指导城市建设和医院院区更新工作增加了可靠的经验依据。

1 ｜ 图1：入口广场人视图
2 ｜ 图2：鸟瞰图

图3：街角人视图
图4：临街立面图

图5：候诊区
图6：入口大厅
图7：检验科

广西地区

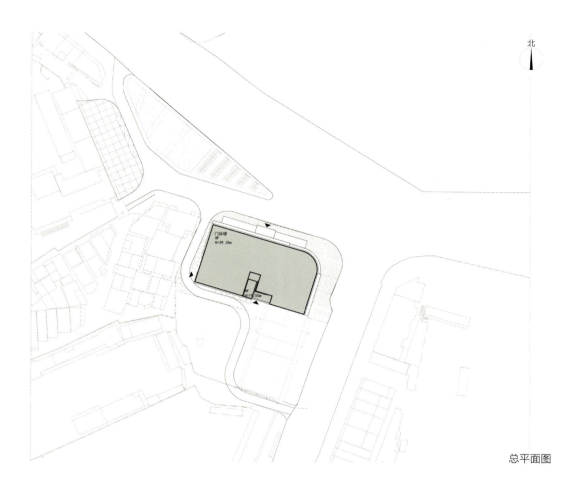

总平面图

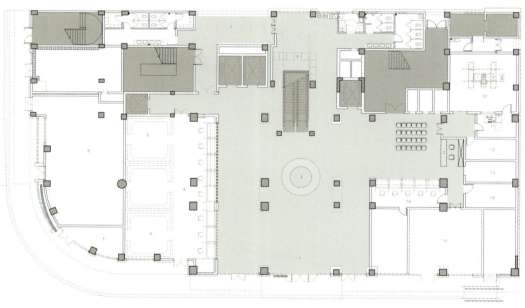

1 门厅	8 变电所	15 献血屋	22 二次候诊	28 复苏区
2 护士站	9 自助区	16 挂号/收费	23 超声波检查室	29 ERCP
3 导诊台	10 DR	17 医生办公	24 心电图室	30 供气设备
4 取药/售药	11 控制室	18 内科诊室	25 脑电图室	31 UPS
5 西药房	12 阅片室	19 内科	26 腔镜中心	32 气管镜室
6 中药房	13 储藏室	20 外科	27 美容美体及	
7 配镜中心	14 医护休息	21 外科诊室	人流手术室	

门诊楼首层平面图

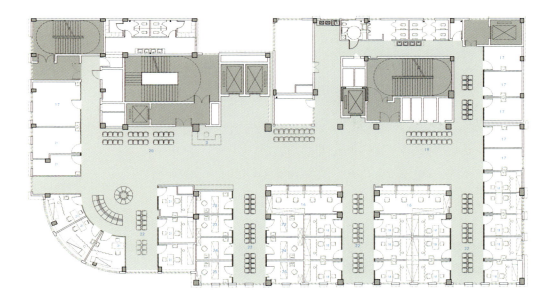

1	门厅	8	变电所	15	献血屋	22	二次候诊	28	复苏区
2	护士站	9	自助区	16	挂号/收费	23	超声波检查室	29	ERCP
3	导诊台	10	DR	17	医生办公室	24	心电图室	30	供气设备
4	取药/售药	11	控制室	18	内科诊室	25	脑电图室	31	UPS
5	西药房	12	阅片室	19	内科	26	腔镜中心	32	气管镜室
6	中药房	13	储藏室	20	外科	27	美容美体及		
7	配镜中心	14	医护休息	21	外科诊室		人流手术室		

门诊楼四层平面图

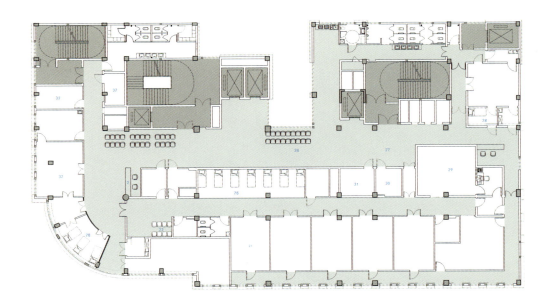

1	门厅	8	变电所	15	献血屋	22	二次候诊	28	复苏区
2	护士站	9	自助区	16	挂号/收费	23	超声波检查室	29	ERCP
3	导诊台	10	DR	17	医生办公室	24	心电图室	30	供气设备
4	取药/售药	11	控制室	18	内科诊室	25	脑电图室	31	UPS
5	西药房	12	阅片室	19	内科	26	腔镜中心	32	气管镜室
6	中药房	13	储藏室	20	外科	27	美容美体及		
7	配镜中心	14	医护休息	21	外科诊室		人流手术室		

门诊楼七层平面图

贵港市人民医院儿科楼

建设地点：贵港市港北区
用地面积：7279.1m²
建筑面积：13333.7m²
医院等级：三级甲等
床位数量：220床
项目设计时间：2020年

项目建成时间：2022年
主创人员：黄　欣　刘玉娇　唐熠斓　范海波　邬明初
　　　　　庄　洁　黄　俊　黄伟逢　苏　伟　呼书杰
　　　　　钟　健　谢建勇　何佳泽　吴小虎　邓博雅
　　　　　孙恩泽　吴享辉　黄滨浩　周夏杰

■ 设计理念

本项目位置相对特殊，虽位于主院区旁，但地处道路交叉口，且面向城市广场，作为门诊楼承担着贵港市人民医院儿科门户和形象展示的重要作用。

设计方案与区域景观规划相协调，充分尊重和利用现有环境，结合建筑的需要，布置室外空间。注重城市环境设计、建筑内外空间秩序、建筑空间布局的序列和建筑环境景观设计，着重分析场地竖向和改造后建筑物之间的空间关系，合理组织各项功能并处理好各功能区段间空间景观的衔接，充分体现环境特色，展现院区新形象。

本项目属于改扩建利旧项目，原建筑有1982年的砖混结构、1993年的框架结构、2001年的钢结构，结构情况复杂。本项目重点是解决多个不同结构类型的单体建筑如何串联为一个符合现代要求的门诊医技住院综合楼；在砖混结构中如何延续其建筑使用寿命；如何解决项目与周边建筑的防火间距问题等。

广西地区

图1：主入口实景图
图2：配套智能化停车库
图3：智能化车库入口

图4：治疗中心大厅
图5：候诊大厅

广西地区

6/7

图6：空间屋面采光
图7：病区护士站

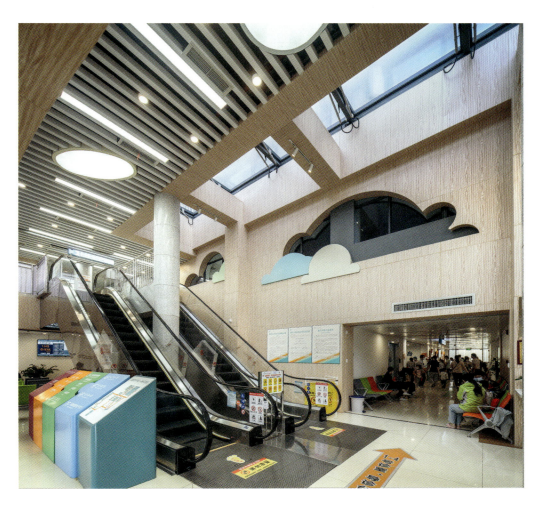

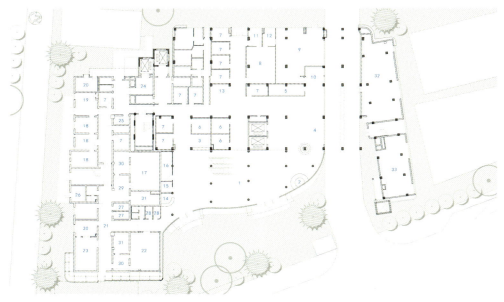

1 门诊大厅	10 候药	19 抢救厅	28 医患更衣
2 导诊	11 雾化室	20 消防值班室	29 准备
3 预诊分诊	12 肌注配药	21 放射科	30 控制室
4 自助服务	13 候诊	22 CT	31 设备间
5 门诊/急诊挂号收费	14 护士站登记	23 DR	32 制冷机房
6 急诊	15 注射	24 污物打包	33 生活泵房
7 诊室	16 放射科办公	25 污洗间暂存	
8 输液室	17 MRI	26 污水处理设备房	
9 药房	18 观察室	27 医护更衣	

首层平面图

1 门诊大厅上空	9 餐厅	17 骨密度	25 处理室
2 屋顶花园	10 诊室	18 母乳取样	26 采样室
3 护士站	11 中医诊室	19 磁疗	27 体液室
4 普通门诊	12 门诊康复室	20 脑电	28 高压清洗室
5 儿童康复	13 婴儿水疗室	21 评估	29 多媒体室
6 康复治疗	14 情景训练	22 B超检查室	
7 功能检查	15 儿童高压氧舱	23 心电图	
8 检验科	16 肺功能	24 检验大厅	

二层平面图

广西地区

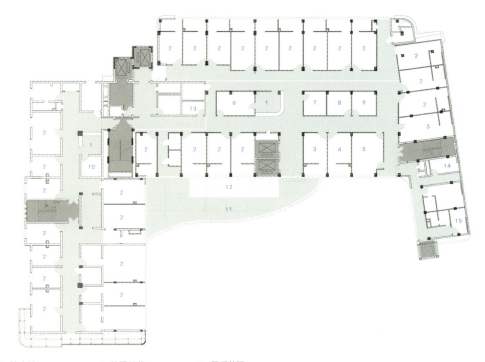

1 护士站	6 处置配药	11 屋顶花园
2 病房	7 餐厅	12 电动采光窗
3 注射室	8 操作间	13 配餐/配奶
4 理疗	9 谈话间	14 女值
5 办公室	10 治疗	15 男值

三层平面图

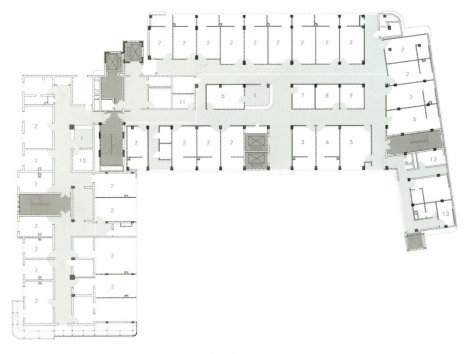

1 护士站	6 处置配药	11 配餐/配奶
2 病房	7 餐厅	12 女值
3 注射室	8 操作间	13 男值
4 理疗	9 谈话间	
5 办公室	10 治疗	

四 – 五层平面图

贵港市人民医院院史展馆

建设地点：贵港
建设单位：桂平市人民医院
用地面积：2556m²
建筑面积：962m²
医院等级：三级甲等
项目设计时间：2015年
项目建成时间：2019年
主创人员：王 晖 陈 坚 田 甜 黄 欣 杨剑维
　　　　　邹恩葵 庄 洁 范海波 黄 俊 何 熹
　　　　　呼书杰 袁小华 丰 燕 邓博雅 苏 伟
　　　　　钟 健
获奖情况：2019年意大利A设计大奖

广西地区

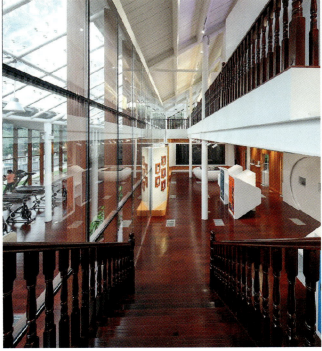

1	2
3	4

图1：主入口实景图　　图3：室内布局图
图2：鸟瞰图　　　　　图4：展厅空间

5	图5：庭院空间
6	图6：主立面实景图

广西地区

1 学术活动交流室
2 人民医院幼儿园
3 停车场
4 住宅楼
5 施工区
6 余音园
7 沙园
8 水池

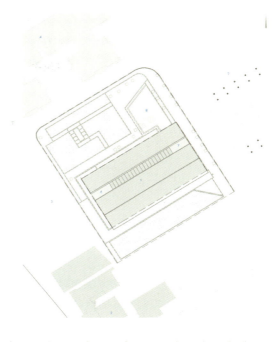

总平面图

1 主入口
2 综合展厅
3 小型收藏室
4 余音园
5 设备房
6 厕所
7 淋浴室
8 大型陈列室
9 沙园

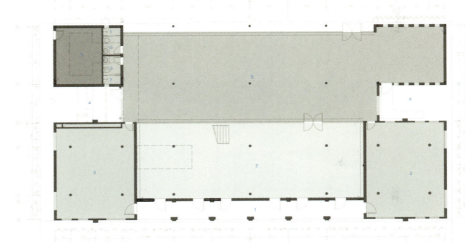

学术活动交流室首层平面图

1 综合收藏
2 上空
3 垂直交通

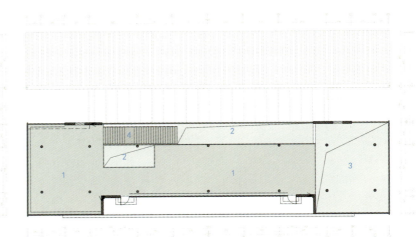

学术活动交流室二层平面图

贵港市人民医院综合住院楼

建设地点：贵港市港北区　　项目建成时间：预计2026年竣工
建设单位：贵港市人民医院　　主创人员：王　晖　黄　欣　田　甜　王　蕾　邹恩葵
用地面积：14837.70m²　　　　　　　　张庆晖　张志坚　杨剑维　吴校军　张志坚
建筑面积：76585.18m²　　　　　　　　李正茂　龙化波　林佳昕　丘礼涵　田小霞
医院等级：三级甲等　　　　　　　　　吕志刚　呼书杰　吴小虎　丰　燕　何　洁
床位数量：300床　　　　　　　　　　李晓鹏　黄伟逢　孙恩泽　朱虎归　降博睿
项目设计时间：2022年　　　　　　　　刁晨莹　陈若恒

■ 设计理念

1. 设计原则

积极适应医疗发展和城市更新的新需求：

1）适应与时俱新的医疗行业发展需求：采用医疗中心模式布局，通过地下与连廊空间串联各自医疗单元模块，提高医疗资源共享服务；

2）适应医患使用环境的均衡考量：医患使用环境的均衡考量，塑造包括对医生和病患等在内的所有使用者的尊重和关怀，平衡医疗技术需求与心理照顾；

3）适应老城区持续发展的城市环境格局，在空间上与城市周边环境相融合，赋予更多的生活职能。

传承医院文化精神、延续院区空间布局：

1）延续现有院区的空间形态，对交通进行梳理，缓解城市道路压力；

2）与周边产业的延续互动，优化流线、管理系统提高运转效率：将院内主要医疗建筑通过地上地下交通空间串联，形成高效的就诊、办公流线系统。

2. 设计理念

在国家"碳达峰、碳中和"的战略背景下，以"适应、效率"为设计原则，以"绿色节能、安全舒适、智慧运营"的设计理念，将核心业务提升工程打造成为"绿色、健康、智慧"的绿色医院。

3. 设计手法

在合理组织功能的基础上，引入智慧管理系统，整合现有医护、病患、物资、能源、交通等系统，实现医院从功能到管理的高效运营。

为达到高效便捷的医院流线，自院区入口至建筑入口通过通透的连廊相连。综合住院楼通过二层连廊接入院区原有的二层连廊系统，形成相对独立的医护流线。垃圾收集站，通过地下室连接院区，其他各处的污物可由地下室汇集后运送到垃圾收集站。

立面设计在延续原有院区色彩和材质的基础上，将遮阳系统整合到新的设计语言中，形成区别于传统医院立面的新形象。

| 1 | 2 |

图1：院区夜景图
图2：院区总鸟瞰

3 | 4

图 3：建筑主视图
图 4：临街面人视图

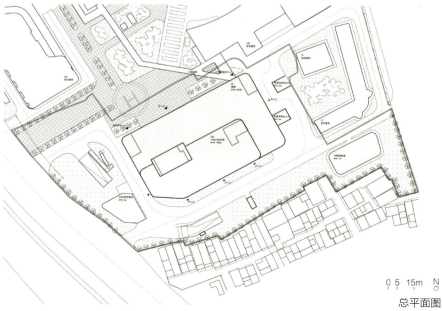

总平面图

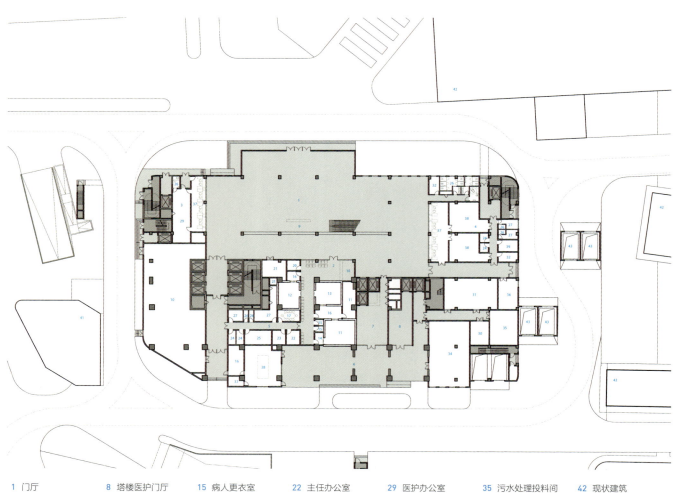

1 门厅	8 塔楼医护门厅	15 病人更衣室	22 主任办公室	29 医护办公室	35 污水处理投料间	42 现状建筑
2 放射科	9 导诊、接待处	16 控制室	23 护士长办公室	30 汇聚机房	36 机械车库控制室	43 机械车库出入口
3 出入院	10 综合配电房	17 会议/示教室	24 更衣室	31 空调机房	37 住院药房	
4 药房	11 MRI	18 护士站	25 办公室/阅片室	32 母婴室	38 药房库房	
5 医护办公区	12 CT	19 病人电梯厅	26 卫生间	33 储物间	39 办公室	
6 架空空间	13 DR	20 注射留观室	27 值班室	34 一体化平台机房	40 设备机房	
7 体检门厅	14 准备室	21 气动物流设备间	28 发电机房	安防监控室	41 垃圾收集站	

一层平面图

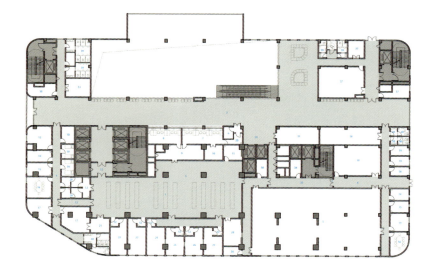

1 检验大厅	21 低温试剂冷藏库
2 医疗街	22 细菌间
3 检验中心	23 HIV 初筛室
4 医护办公室	24 产物分析
5 临床基因检测实验中心	25 扩增区
6 抢救室	26 样本制备
7 采血	27 试剂准备
8 标本接收	28 高压灭菌
9 标本处理室	29 裙房、病人电梯厅
10 储藏室	30 污物暂存
11 检后样本	31 供水
12 缓冲	32 露台
13 医护办公室	33 设备机房
14 护士长办公室	34 清洗间
15 主任办公室	35 污物走廊
16 会议/示教室	36 检验中心 UPS
17 常温仓库	37 洁物储藏间
18 耗材室	38 新风机房
19 值班室	39 病人卫生间
20 更衣室	40 医护卫生间

二层平面图

广西地区

1 医疗街	12 裙房、病人电梯间	22 洁衣发放	33 清洗间	44 露台
2 日间手术	13 污物暂存	23 值班室	34 检查室	45 淋浴、卫生间
3 医护办公区	14 手术室	24 护士办公室	35 检查室抽血	46 病人卫生间
4 内镜中心	15 复苏室	25 主任办公室	36 耗材库	47 医护卫生间
5 接诊区	16 洁净用品	26 会议/示教室	37 储镜室	48 污物走廊
6 换车	17 UPS	27 办公室	38 洁物储藏室	49 术前检查
7 术前准备	18 无菌物品库	28 麻醉库房	39 医护办公室	50 换鞋
8 谈话间	19 护士站	29 麻醉办公区	40 新风机房	
9 脱包间	20 缓冲	30 就餐区兼避难间	41 便利店	
10 一次性物品	21 更衣室	31 器械清洗	42 空调机房	
11 洁净走廊		32 水处理间	43 家属等候	

四层平面图

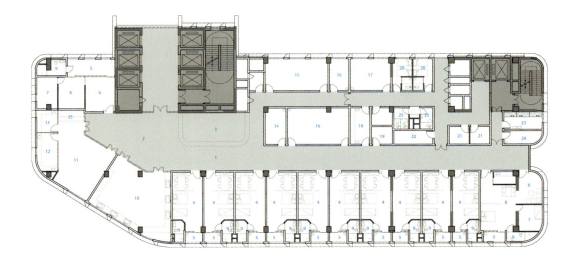

1 母婴康复中心	7 陪护	13 配奶区	18 备餐	24 污物暂存
2 大厅	8 VIP客房	14 体制监测	19 被服	25 登记
3 护士站	9 卫生间	15 妈妈教室/瑜伽室/多功能厅	20 值班室	
4 客房	10 阳光房	16 产后护理室	21 更衣室	
5 阳台	11 育婴室	17 员工办公室	22 洁物储藏室	
6 会客	12 换洗室		23 污洗间	

二十二 - 二十四层平面图

桂平市人民医院二门诊楼

建设地点：贵港市桂平市
建设单位：桂平市人民医院
用地面积：5500m²
建筑面积：4515m²
医院等级：二级甲等

项目设计时间：2017年
项目建成时间：2018年
主创人员：王　晖　黄　欣　王如荔　麦　华　王志超
　　　　　庄　洁

■ 设计理念

　　本项目体现"以人为本"，设置宽敞明亮的病房、完备的无障碍设计、明晰的标识导向系统等，注重为使用者提供全方位的人性化关怀。生态、园林、绿化、节能、构筑无压力的就医环境。

　　完善的医院工艺设计，高效、便捷的就医和工作流程，医患分离、洁污分离、创造医患和谐的建筑设计。

　　园区里种植能充分感受到季节变化的植物和品种繁多的花草，这些花草除了具有消除疲劳的功效外，还以其纯自然的形态，发挥着天然花园的作用，通过植物这一媒介，把植物所具有的颜色、形状、芬香、味道和生命力倾注于患者，使他们身心放松，体力恢复。

　　在潮湿、多云的日子里，这里依然保持着清新、优雅、素净。春季、夏季有繁花点提；秋季的红叶更增加一分浪漫；在寒冷、干燥的日子里大的开放空间缺乏亲切，但通过一系列的围合而创造出来的半私密空间，人们就能感受到一种环境赋予的安全和温暖。

　　一个人性化的医院环境，具有一系列为人准备的景观设施，经过我们的精心设计，能让人在这里悉心养病。并且丰富了整个院区的景观，为医院增加了生命活力。

广西地区

图1：医院主入口效果图
图2：鸟瞰效果图
图3：大厅效果图

立面图

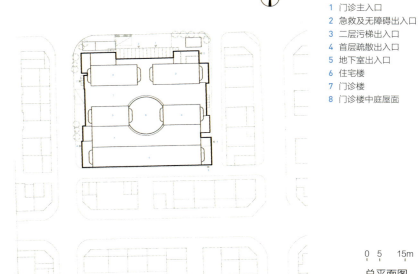

1 门诊主入口
2 急救及无障碍出入口
3 二层污梯出入口
4 首层疏散出入口
5 地下室出入口
6 住宅楼
7 门诊楼
8 门诊楼中庭屋面

0 5 15m

总平面图

广西地区

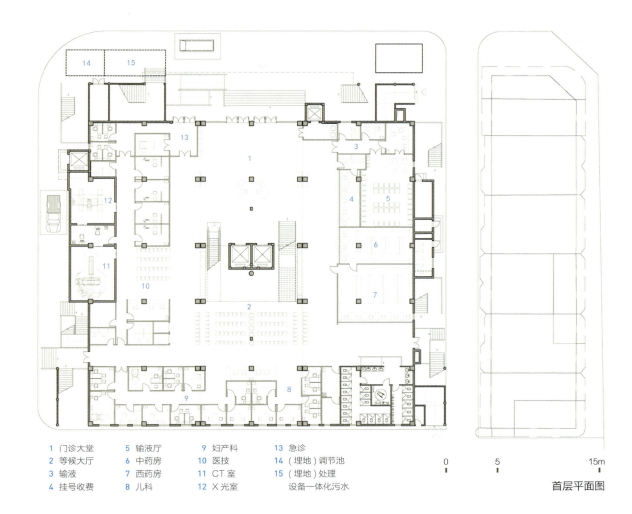

1 门诊大堂	5 输液厅	9 妇产科	13 急诊
2 等候大厅	6 中药房	10 医技	14 （埋地）调节池
3 输液	7 西药房	11 CT 室	15 （埋地）处理设备一体化污水
4 挂号收费	8 儿科	12 X 光室	

0　5　15m

首层平面图

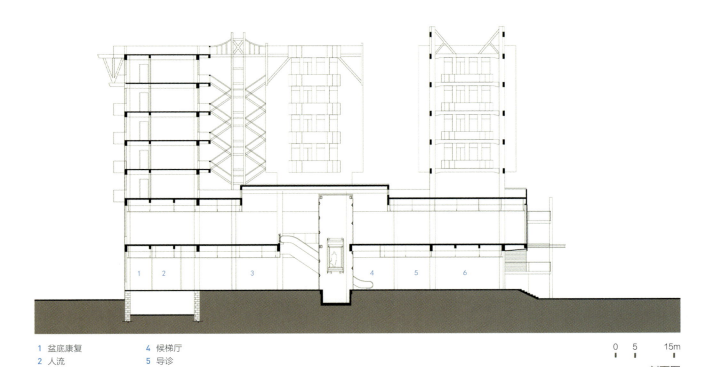

1 盆底康复　4 候梯厅
2 人流　　　5 导诊
3 儿科、妇科等候区　6 门诊大堂

0　5　15m

剖面图

165

贵港市人民医院第二门诊楼

建设地点：贵港市港北区
建设单位：贵港市人民医院
用地面积：9776.23m²
建筑面积：21739m²
医院等级：三级甲等
项目设计时间：2022年
项目建成时间：2023年

主创人员：王 晖　黄 欣　田 甜　王 蕾　邹恩葵
　　　　　张庆晖　张志坚　杨剑维　吴校军　张志坚
　　　　　袁小华　李正茂　邬明初　何 江　吴书昊
　　　　　田小霞　何 熹　呼书杰　邓博雅　丰 燕
　　　　　吴享辉　何 洁　郭懿乐　朱虎归　薛家宁
　　　　　陈文国　何佳泽　黎 勇　周浩祥　刁晨莹
　　　　　曾 彬　陈若恒

■ 设计理念

　　本项目为改造项目，设计充分考虑建筑的现状条件和医疗建筑的特殊要求，做到合理改造、合理利旧。建筑形式着重表现医疗建筑特点及地域、文化特点，从而塑造医院的崭新形象。

　　本项目遵循以人为本设计原则。力求在医院设计中体现更多人性化设施，追求全方位的人文关怀，力求高技术与高情感的平衡，创造人性化的医疗环境。根据现代医院设计的理念，结合原有建筑的特点，提出以下设计理念：

1）高效便捷的空间流线；
2）清晰明确的功能分区；
3）简洁明快的现代医院形象；
4）与周边环境协调、交通流畅、导向清晰，医患分流、洁污分流。

充分利用建筑现状，坚持科学合理、节约利旧的原则，在满足基本功能需要的同时，考虑未来的发展。

合理确定功能分区、功能布局。根据当地的气象条件，在建筑内部创造最大程度的自然通风、采光空间，为使用者提供良好的环境。

场地内部尽量减少各人流、车流、物流的交叉干扰，车行道路围绕建筑环状布置，建筑与内部道路之间留有宽阔的间距，有利于人车分流及维持安静的就诊环境。

将原有商业建筑改造为医疗建筑，不仅涉及功能的改变，还包括结构改造和结构加固、给水排水改造、电气工程改造、暖通工程改造、装修、室外配套改造、节能改造、消防改造等全方位的更新。第二门诊大楼从提升医院综合业务能力的角度出发，以更好地满足患者的就诊需求、提升医疗服务质量和患者的就诊体验为原则。在设计过程中既要为病人创造人性化的就医环境，为医护提供高效的工艺流线，展示城市现代化医院的新形象，还要考虑充分利旧，减少改造过程中的资源浪费，提高城市低效空间的利用效率。

图1：主入口人视图
图2：街角透视图
图3：正立面

图4：放射科候诊区
图5：健康管理中心入口
图6：入口大厅

广西地区

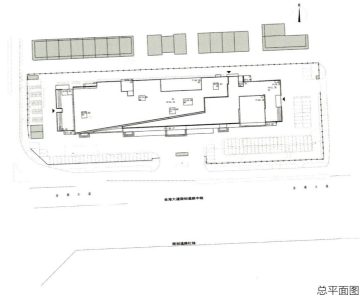

总平面图

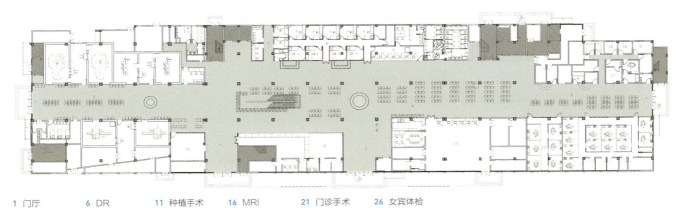

1 门厅	6 DR	11 种植手术	16 MRI	21 门诊手术	26 女宾体检
2 放射科	7 心电检查	12 牙科诊室	17 理疗室	22 皮肤科	27 深度体检区
3 口腔中心	8 超声检查	13 药房	18 康复科	23 治疗室	28 营养餐厅
4 自助服务	9 挂号/收费	14 视光中心	19 弱电机房	24 中医科	
5 CT	10 医护办公室	15 便利店	20 诊室	25 男宾体检	

0 5 15m

门诊首层平面图

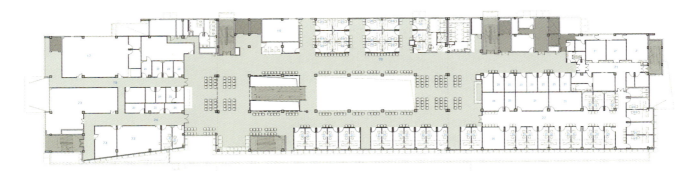

1 门厅	6 DR	11 种植手术	16 MRI	21 门诊手术	26 女宾体检
2 放射科	7 心电检查	12 牙科诊室	17 理疗室	22 皮肤科	27 深度体检区
3 口腔中心	8 超声检查	13 药房	18 康复科	23 治疗室	28 营养餐厅
4 自助服务	9 挂号/收费	14 视光中心	19 弱电机房	24 中医科	
5 CT	10 医护办公室	15 便利店	20 诊室	25 男宾体检	

0 5 15m

门诊二层平面图

169

桂平市人民医院2号住院楼

建设地点：贵港市桂平市
建设单位：桂平市人民医院
用地面积：6550m²
建筑面积：44441.9m²
医院等级：三级
床位数量：736床

项目设计时间：2018年
项目建成时间：2023年
主创人员：王 晖　黄 欣　王志超　黄 俊　吕志刚
　　　　　郑泽鹏　苏 伟　呼书杰　朱虎归　谢建勇
　　　　　袁小华　何佳泽　吴校军　邓博雅　陈文国
　　　　　吴享辉　黄观荣

■ 设计理念

本项目遵循"以人为本"、以"患者为中心"、经济适用、绿色节能、适度超前的原则。专业设计方案上做到技术先进、成熟、经济。通过采用成熟技术、当地材料，做到投资可控。设计规划力争体现当今医院规划、医疗建筑最先进理念，达到国内先进水平；同时充分考虑医院可持续发展、医疗技术和设备更新发展的需求。

本项目遵循以人为本设计原则，力求在医院设计中体现更多人性化设施，追求全方位的人文关怀，力求高技术与高情感的平衡，创造人性化的医疗环境。

根据现代医院设计的理念，结合原有建筑的特点，提出以下设计理念：

1）高效集中紧凑便捷的室内空间；
2）清晰明确的功能分区；
3）简洁明快的现代医院形象；
4）与周边环境协调，交通流畅、导向清晰，医患分流、洁污分流；
5）打造绿色生态型医院，在自然采光通风、空调节能、可再生能源的利用等层面全面考虑。

项目地块南北长度约65m，东西长度约96m，用地狭小。结合场地实际情况，设置消防环路，住院楼整体靠北侧布置，南侧为住院楼主要出入口，设置人流集散小广场，缓解住院楼大规模人流的压力。住院病人及家属由南侧进出，后勤由西侧进出，医护人员由北侧进出住院大楼。规划设计考虑人车分流、机动车非机动车分流，机动车经北侧道路进出地下车库，非机动车由南侧道路进出非机动车库。住院楼南侧小广场同时兼做消防扑救场地。

广西地区

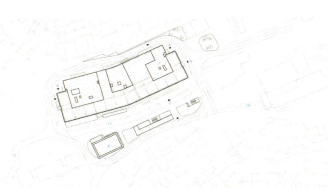

1 非机动车出入口
2 住院出入口
3 后勤入口
4 污物出口
5 医护出入口
6 消控出入口
7 2号住院楼
8 锅炉房
9 预留生活区道路
10 远期规划建设道路
11 隐形消防通道

总平面图

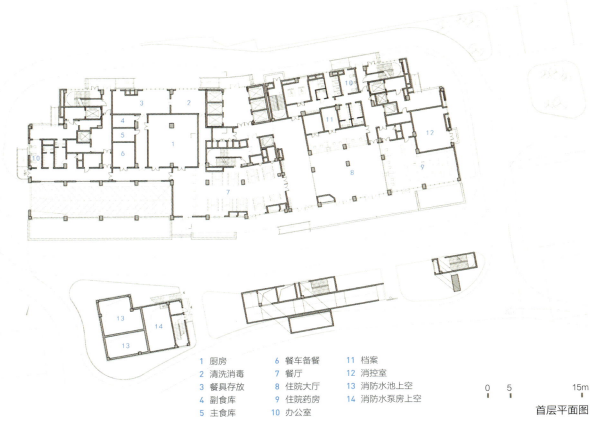

1 厨房	6 餐车备餐	11 档案
2 清洗消毒	7 餐厅	12 消控室
3 餐具存放	8 住院大厅	13 消防水池上空
4 副食库	9 住院药房	14 消防水泵房上空
5 主食库	10 办公室	

首层平面图

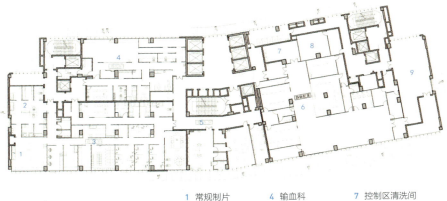

1 常规制片	4 输血科	7 控制区清洗间
2 取材室	5 营养科	8 PIVAS会议室
3 病理科	6 静脉配置	9 二级库

二层平面图

喀什地区第一人民医院门诊楼

建设地点：喀什地区喀什市	床位数量：108床
建设单位：新疆维吾尔自治区喀什第一人民医院	项目设计时间：2012年
	项目建成时间：2015年
用地面积：3885m²	主创人员：王如荔 王晖 麦华 杨剑维 吴校军
建筑面积：31842m²	黄欣 黄俊 苏伟
医院等级：三级甲等	获奖情况：2016年住房城乡建设部建筑工程科技示范工程

■ 设计理念

本工程属于旧楼改造加建工程。原门诊楼5层，高度为14.72m，建筑面积为4123.3m²，与新建门诊楼连接；新建部分共17层（不含设备层），裙楼5层，地下1层，高度为62.92m，建筑面积为27718.7m²。整栋建筑总建筑面积31842m²；其中地上部分主要包含门诊、医技、住院以及医生培训，面积总计29612m²（包含旧楼部分）；地下室功能为设备机房、核治疗科，面积总计2230m²。

设计注重地域性，体现了新疆地区现代建筑特色和开发区新城风貌。同时建筑总体布局遵循最大化争取绿地的原则，建筑总体造型采用庄重的体量效果设计，达到了与周围环境的协调、融合。

建筑造型采用现代简洁设计手法，讲究虚实对比、比例协调，注重细部设计，将使用功能与造型完美结合，呈现大方、高雅、赏心悦目的立面造型，地域符号样式与垂直遮阳系统呼应当地民族特点，并体现了一定的时代性、地域性。浅色为主的基调使建筑和谐、统一，经久耐看又不失现代感。

新疆地区

1	2
	3

图1：院区鸟瞰图
图2：侧面实景图
图3：主立面实景图

173

新疆地区

1 | 2
　 | 3

图1：主入口人视图
图2：采光中庭
图3：护士站

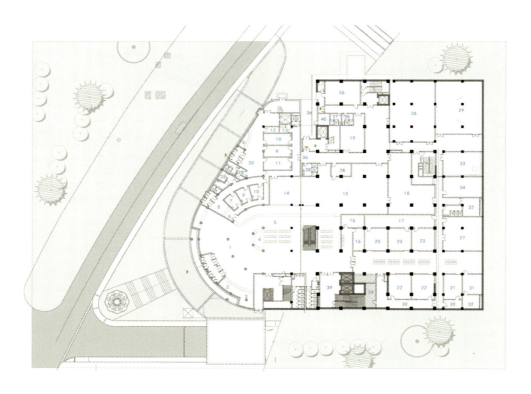

1	门诊大厅	21	MRI
2	挂号	22	CT
3	预约挂号	23	DR
4	询问处	24	存片
5	候药大厅	25	污物间
6	分诊	26	消防控制室
7	诊室	27	医生办公室
8	肠道门诊	28	办公室
9	观察室	29	空调机房
10	治疗室	30	控制室
11	发热门诊诊室	31	设备机房
12	处置室	32	排风机房
13	急诊值班室	33	生活泵房
14	西药药库药房	34	库房
15	中药药库药房	35	配电房
16	门诊治疗	36	后勤出入口
17	诊断室、控制室	37	男更衣室
18	中药库	38	女更衣室
19	熟药房	39	电梯厅
20	发热门诊	40	配电间

0 5 15m

首层平面图

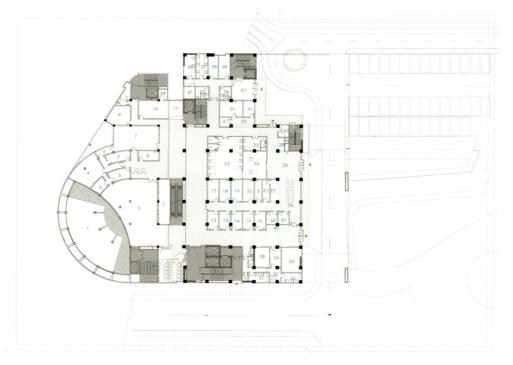

1	门诊大厅上空	22	护士站
2	成人输液	23	观察室
3	注射	24	抢救大厅
4	配药	25	急救门厅
5	处置室	26	急救候诊
6	登记、试针	27	门厅
7	儿童输液	28	DR 机房
8	诊室	29	控制机房
9	值班	30	CT 机房
10	急诊药房	31	值班
11	急诊取药	32	休息
12	B超室、诊室	33	男更衣室
13	心电图	34	女更衣室
14	妇产科	35	办公室
15	内科	36	司机值班
16	外科	37	男值班室
17	医生办公室	38	挂号登记收费
18	耳鼻喉科	39	库房
19	洗胃室	40	女值班室
20	清创室	41	配电间
21	治疗室	42	登记

0 5 15m

二层平面图

新疆地区

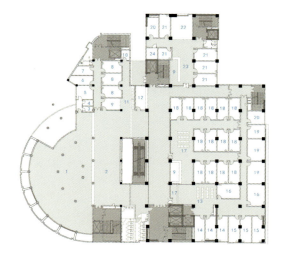

1 检验大厅	13 候诊
2 候检大厅	14 彩超室
3 女更衣室	15 心电图室
4 男更衣室	16 脑电波
5 检验医生办公室	17 功能检查、候诊
6 女值班室	18 B超室
7 男值班室	19 办公室
8 中医	20 医生休息室
9 护士站	21 诊室
10 库房	22 儿童活动区
11 中医候诊	23 儿科候诊
12 收费	24 配电间

0　　5　　15m

三层平面图

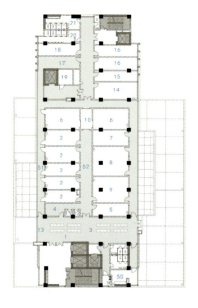 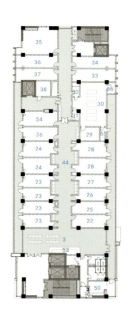 

1 分诊区	13 分诊台	25 产科一普通诊室	37 B超室	49 治疗室
2 诊室	14 硬镜清洗间	26 产科一专家诊室	38 配电间	50 污洗室
3 候诊区	15 无菌室	27 不孕不育诊室	39 普通诊室	51 医生通道
4 二次候诊	16 办公室	28 妇科治疗室	40 专家诊室	52 病人通道
5 复苏室	17 医生休息室	29 麻醉准备间	41 VIP诊区	53 护士站
6 诊室（十万级层流）	18 示教室	30 人流手术室	42 检查	54 产科二专家诊室
7 内镜储存室	19 配电间	31 病人更衣	43 眼科	55 污物打包
8 软镜储存室	20 男医生更衣	32 刷手	44 妇产科	56 库房
9 检查室（ERCP）	21 女医生更衣	33 病人休息室	45 准备室	
10 二类区域	22 收费计价	34 药流观察室	46 等候室	
11 男更衣室	23 普通妇科诊室	35 孕妇学校	47 准分子手术室	
12 女更衣室	24 专家妇科诊室	36 人流及药流诊室	48 过敏紫外线	

0　　5　　15m

六~八层平面图

177

中山大学附属喀什医院（国家区域医疗中心）

建设地点：喀什地区疏附县
建设单位：喀什地区第一人民医院
用地面积：394976m²
建筑面积：411200m²
　　　　　　（一期78500m²）
医院等级：三级甲等
床位数量：2000床
项目设计时间：2021年
项目建成时间：2024年
主创人员：王　晖　黄　欣　颜会闾　李泽贤　吴嘉杰
　　　　　　王志超　唐熠澜　郭懿乐　吴仲青　林　斌
　　　　　　苏　伟　钟　健　徐贤标　朱虎归　谢建勇
　　　　　　吴子健　丰　燕　降博睿　何佳泽　吴小虎
　　　　　　邓博雅　孙恩泽　薛家宁　吴享辉　黎　勇
　　　　　　周浩祥　苏春燕　王德霖　朱文鑫　吴泽鹏
　　　　　　何　洁　曾　彬　陈若恒

■ 设计理念

中山大学附属喀什医院（国家区域医疗中心）由新疆维吾尔自治区人民政府与中山大学共建，建设以传染病防控治疗为主，兼具其他疾病诊疗功能。力争将其打造成为南疆国家区域医疗中心、"一带一路"国际区域医疗中心、国家临床医学研究中心。

项目位于喀什地区疏附县花城大道北侧，根据国家传染病区域医疗中心设置相关标准进行规划建设，以传染病科、呼吸内科、重症医学科为核心科室，以心血管内科、普通外科、儿科、康复科等为支撑科室，与CDC共享P3实验室。规划总床位数共2000张，建筑总规模约41万m²，包含医疗区、未来发展区、科研区及生活配套区。

新疆地区

项目创新点:"平战安全""集约共享""绿色生长"的新型平疫结合传染病区域医疗中心。

1) 规划布局上,突出"大组团",强调合理的功能分区;
2) 组团内部以"小分散"的形式,构筑安全屏障;
3) 功能联系上,以"集约共享"加强内部的联动;
4) 未来发展方面,以可扩展的鱼骨状形态满足"生长"需要;
5) 弹性缓冲模块,快速完成平疫转换的平面设计;
6) 可调节空调系统,降低医院运营成本。

2
1

图1:院区主立面
图2:整体效果图

图3：鸟瞰效果图
图4：人视效果图

新疆地区

图5：室外连廊效果图
图6：等候厅效果图
图7：门诊大厅效果图
图8：住院大厅效果图
图9：综合楼大厅效果图

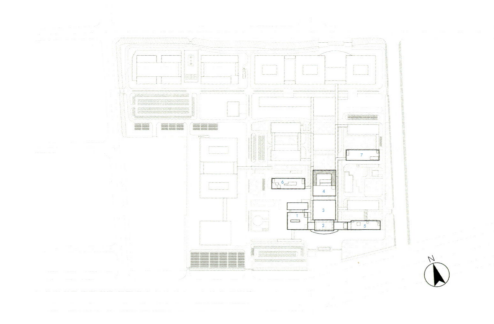

1 门急诊楼
2 入口大厅
3 医技楼
4 医技实训楼
5 发热门诊
6 综合住院楼
7 呼吸内科综合楼

总平面图

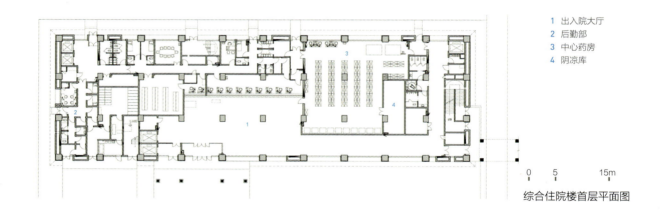

1 出入院大厅
2 后勤部
3 中心药房
4 阴凉库

综合住院楼首层平面图

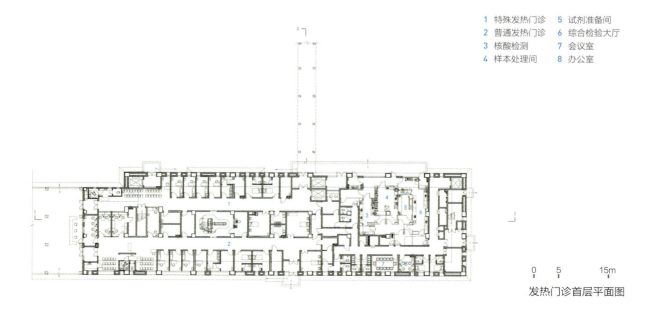

1 特殊发热门诊　5 试剂准备间
2 普通发热门诊　6 综合检验大厅
3 核酸检测　　　7 会议室
4 样本处理间　　8 办公室

发热门诊首层平面图

新疆地区

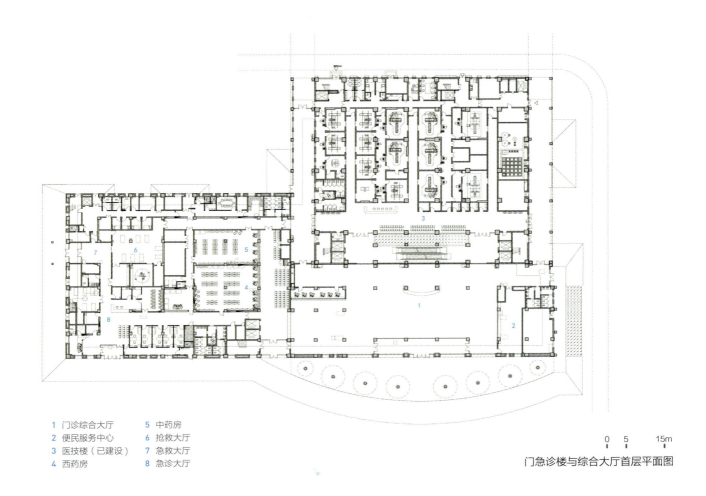

1 门诊综合大厅　　5 中药房
2 便民服务中心　　6 抢救大厅
3 医技楼（已建设）　7 急救大厅
4 西药房　　　　　8 急诊大厅

门急诊楼与综合大厅首层平面图

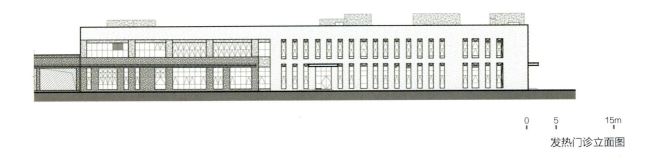

发热门诊立面图

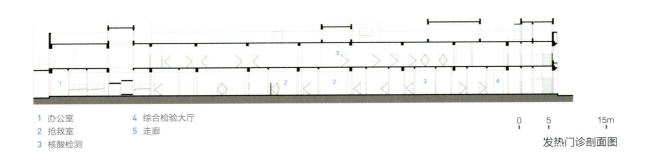

1 办公室　　　4 综合检验大厅
2 抢救室　　　5 走廊
3 核酸检测

发热门诊剖面图

喀什地区第一人民医院疏附广州新城院区

建设地点：喀什地区疏附县
建设单位：喀什地区第一人民医院
用地面积：107357.09m²
建筑面积：72000m²
医院等级：三级甲等
床位数量：680床
项目设计时间：2018年
项目建成时间：2021年
主创人员：李泽贤　邓锦雄　何　熹　吕志刚　黄伟逢　呼书杰　徐贤标　周德宏　丰　燕　降博睿　吴小虎　孙恩泽　邓锦雄　陈　慧　王德霖　刘骏祺
获奖情况：2023年新疆优秀工程勘察设计三等奖

■ 设计理念

为满足喀什地区广大人民群众的就医需求，缓解地区第一人民医院看病压力，经喀什地委和广东援疆工作指挥部研究协调，将疏附县广州新城11号地块闲置商铺改建为地区第一人民医院新院区。

1）大型的"商改医（商业建筑改医疗建筑）"项目；

2）原建筑设计为商贸城，共两层，标准设防类（丙类）建筑。现原有建筑改造为医疗建筑，建筑设防类别调整为重点设防类（乙类）建筑；

3）商业建筑改为医疗建筑。原有建筑群呈回字形布局，各建筑单体存在一定的高差，顺应原有建筑布局，总体拟采用相对集中的整体式规划布局，门诊楼、医技楼、体检中心、康复医院、感染病楼等几大重要功能区进行局部和组合。各功能区以模块与单元的组合沿交通主轴水平伸展，体现出医院以功能为先的严谨逻辑关系；

4）原有建筑平面上设置了大量的剪力墙。巧妙结合现状建筑平面布置各医疗功能用房，合理布置生活配套供应出入口。靠近住院部和医技部布置污物出入口，各功能区污物可通过垂直交通到达首层或地面环路的污物出口；

5）院区内沿主体建筑群周边设置环形道路，结合各个功能出入口的交通广场，形成院区内的环形机动车道，兼作环形消防车道。院区内各功能分区明确，同时设置步行广场、景观绿地、构筑小品、道路及活动场地等，各个出入口处设置适量地面停车满足院区停车需求；

6）规划充分考虑现状建筑和地域特色，突出生态节能特点，应以绿化庭院结合连廊为交通主轴。各功能模块间设置多个绿化庭园相间，除为建筑带来良好通风采光效果外，兼能为建筑内部空间带来丰富变化。

图1：主入口人视图
图2：西南鸟瞰图

图 3：架空走廊
图 4：内庭院

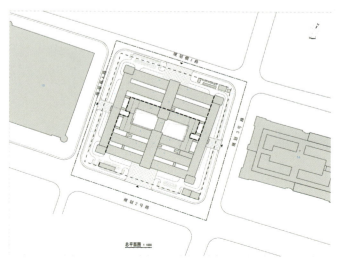

1	入口广场	9	五区住院
2	广场	10	六区住院
3	一区门诊	11	八区感染病科
4	二区医技	12	一区体检中心
5	二区门诊	13	绿化带
6	三区住院	14	医疗街
7	四区医技	15	广州新城 10 号地块
8	四区住院	16	广州新城 25 号地块

总平面图

新疆地区

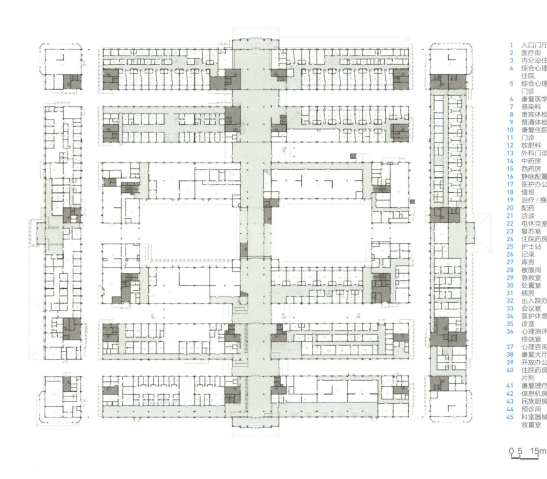

1	入口门厅	46	备用间	94	院办公室
2	医疗街	47	卫生间	95	门诊医技
3	内分泌住院	48	护理间	96	检验科
4	综合心理科住院	49	阅片室	97	医生值班
		50	远程室	98	药品物流管理中心
5	综合心理科门诊	51	CT		
		52	控制室	99	采购办公室
6	康复医学科	53	DR	100	全医嘱审核室
7	感染科	54	MR	101	微机室
8	贵宾体检	55	设备间	102	康复治疗室
9	普通体检	56	门诊手术室	103	配餐
10	康复住院	57	用药咨询室	104	骨穿干细胞抽取
11	门诊	58	挂号/收费		
12	放射科	59	特殊管理药品库	105	视频探视
13	外科门诊			106	谈话
14	中药房	60	候药	107	单人间
15	西药房	61	消防控制室	108	负压病房
16	静脉配置中心	62	一般检查	109	负压前室
17	医护办公	63	钼靶	110	检验室
18	值班	64	财务	111	仪器室
19	治疗/换药	65	检测室	112	一次物品间
20	配药	66	采血	113	UPS
21	洽谈	67	候检	114	防护服脱衣点
22	电休克室	68	耳鼻喉科	115	足浴间
23	复苏室	69	眼科	116	艾灸室
24	住院药房	70	口腔科	117	针灸室
25	护士站	71	神经内科	118	置管肾穿刺间
26	记录	72	肺功能	119	胃镜
27	库房	73	男内科	120	肠镜
28	被服间	74	骨密度	121	胃肠清洗消毒间
29	急救室	75	彩超		
30	处置室	76	红外线乳透	122	胃肠储镜室
31	病房	77	心电图室	123	VIP治疗室
32	出入院办理	78	B超	124	支气管
33	会议室	79	标本间	125	支气管镜清洗消毒间
34	医护休息室	80	资料室		
35	诊室	81	商店	126	支气管镜储镜室
36	心理测评终端室	82	药房		
		83	家属等候	127	PACs
37	心理咨询	84	风湿免疫科	128	危险化学品
38	康复大厅	85	综合心理科住院	129	服务间
39	开放办公大厅			130	接待室
40	住院药房针/片剂	86	消化科住院	131	四人间
		87	呼吸科住院	132	六人间
41	康复理疗大厅	88	血液科住院	133	8人间
42	信息机房	89	骨髓移植住院	134	12人间
43	民族厨房	90	ICU		
44	预诊间	91	心血管科住院		
45	科室器械放置室	92	肾病科住院		
		93	内窥镜		

0 5 15m　　首层平面图

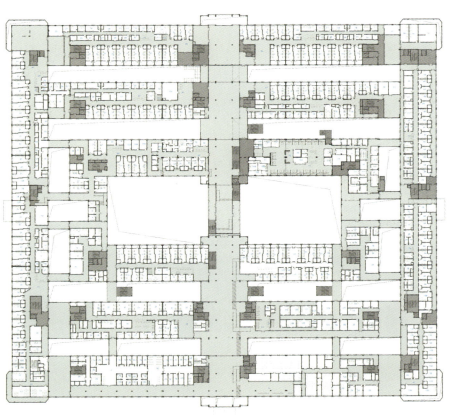

1	入口门厅	46	备用间	94	院办公室
2	医疗街	47	卫生间	95	门诊医技
3	内分泌住院	48	护理间	96	检验科
4	综合心理科住院	49	阅片室	97	医生值班
		50	远程室	98	药品物流管理中心
5	综合心理科门诊	51	CT		
		52	控制室	99	采购办公室
6	康复医学科	53	DR	100	全医嘱审核室
7	感染科	54	MR	101	微机室
8	贵宾体检	55	设备间	102	康复治疗室
9	普通体检	56	门诊手术室	103	配餐
10	康复住院	57	用药咨询室	104	骨穿干细胞抽取
11	门诊	58	挂号/收费		
12	放射科	59	特殊管理药品库	105	视频探视
13	外科门诊			106	谈话
14	中药房	60	候药	107	单人间
15	西药房	61	消防控制室	108	负压病房
16	静脉配置中心	62	一般检查	109	负压前室
17	医护办公	63	钼靶	110	检验室
18	值班	64	财务	111	仪器室
19	治疗/换药	65	检测室	112	一次物品间
20	配药	66	采血	113	UPS
21	洽谈	67	候检	114	防护服脱衣点
22	电休克室	68	耳鼻喉科	115	足浴间
23	复苏室	69	眼科	116	艾灸室
24	住院药房	70	口腔科	117	针灸室
25	护士站	71	神经内科	118	置管肾穿刺间
26	记录	72	肺功能	119	胃镜
27	库房	73	男内科	120	肠镜
28	被服间	74	骨密度	121	胃肠清洗消毒间
29	急救室	75	彩超		
30	处置室	76	红外线乳透	122	胃肠储镜室
31	病房	77	心电图室	123	VIP治疗室
32	出入院办理	78	B超	124	支气管
33	会议室	79	标本间	125	支气管镜清洗消毒间
34	医护休息室	80	资料室		
35	诊室	81	商店	126	支气管镜储镜室
36	心理测评终端室	82	药房		
		83	家属等候	127	PACS
37	心理咨询	84	风湿免疫科	128	危险化学品
38	康复大厅	85	综合心理科住院	129	服务间
39	开放办公大厅			130	接待室
40	住院药房针/片剂	86	消化科住院	131	四人间
		87	呼吸科住院	132	六人间
41	康复理疗大厅	88	血液科住院	133	8人间
42	信息机房	89	骨髓移植住院	134	12人间
43	民族厨房	90	ICU		
44	预诊间	91	心血管科住院		
45	科室器械放置室	92	肾病科住院		
		93	内窥镜		

0 5 15m　　二层平面图

喀什地区第一人民医院发热门诊综合楼

建设地点： 喀什地区喀什市
建设单位： 喀什地区第一人民医院
用地面积： 1543m²
建筑面积： 4221.33m²
医院等级： 三级甲等
床位数量： 30床

项目设计时间： 2020年
项目建成时间： 已竣工
主创人员： 王蕾　李泽贤　郭俊杰　范海波　邓文晴
　　　　　　何熹　李锦铭　张志坚　呼书杰　吴校军
　　　　　　吴小虎　陈耿权

■ 设计理念

1. 建筑特色

设计秉持防止交叉感染扩散原则，在隔离的基础上，加强防护，实现洁净区，非洁净区等不同分区的流线独立与空间独立。在满足门诊、医技、住院的前提下，充分利用空间，实现"以人为本"的设计，让本项目能更好地发挥发热门诊的功能，服务民众。建筑外观设计结合当地建筑风格及周边建筑色调进行设计，在满足功能的前提下，提升建筑美感，打造现代简洁且具有当地特色的建筑外观。

2. 规划布局

建筑一层南侧为主入口，服务于后勤与停车人员，建筑北侧连通4层，为病人与医护人员的主入口。实现竖向流线管理，流线独立互不干扰。

3. 各层分布

一层——建筑入口位于南侧，作为后勤入口，同时非机动车入口位于主入口侧边斜坡，通过斜坡进入二层停车区域。平面功能以后勤附属空间与设备空间为主。

二层——非机动车通过斜坡入口进入二层停车区域，区域内流线成环，交通流线便利。

三层——非机动车通过二层斜坡进入三层停车区域，区域为环形流线，方便进出。

四层——建筑主入口设置在北侧为病人主要入口，其西侧为医护入口，实现医患分流，平面中间区域以及西南侧为后勤及医技区域，东侧为门诊区域。

五层、六层——建筑平面中心设置护士站、治疗室、准备间，病房围绕中心区展开布置，实现全方位观测照顾各个隔离病房。医护流线主要使用西北侧楼梯，使医护区相对独立，实现洁净区与非洁净区的空间隔离。

屋面层——放置风机房，排风机房等设备用房。

$\dfrac{1\ \big|\ \dfrac{2}{3}}{}$

图1：发热门诊综合楼全景
图2：护士站
图3：病区走廊

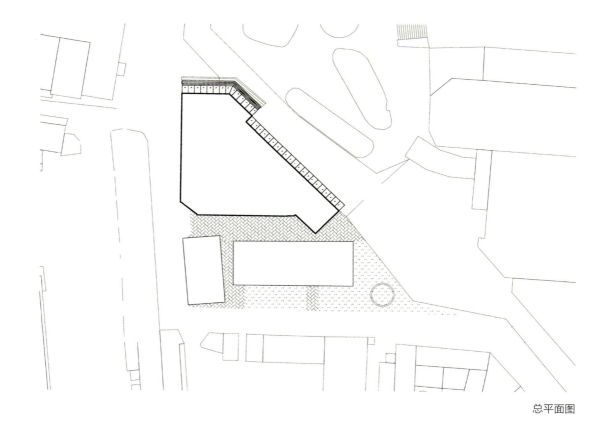

总平面图

1 低压配电房
2 无障碍电梯
3 排风机房
4 电信弱电间
5 办公室
6 卫生间
7 非机动车入口
8 工具间
9 污梯
10 设备间
11 污水处理设备间
12 发电机房
13 预留用房
14 物资暂存间

首层平面图

新疆地区

1 等候厅
2 无障碍电梯
3 成人诊室
4 标本采集
5 办公室
6 卫生间
7 CT 室
8 DR 室
9 污梯
10 操作间
11 远程会诊室
12 检查室
13 儿童诊室
14 值班室
15 无障碍卫生间
16 挂号收费
17 洗浴间
18 更衣室
19 污洗间
20 污物间
21 电梯厅

四层平面图

1 隔离留观室
2 无障碍电梯
3 护士站
4 值班室
5 办公室
6 卫生间
7 治疗室
8 准备间
9 污梯
10 工具间
11 洗浴间
12 污洗间
13 污物间
14 电梯厅

五层平面图

喀什地区第一人民医院儿科综合病房楼

建设地点：喀什地区东城区
建设单位：喀什地区第一人民医院
用地面积：33320m²
建筑面积：38300m²
医院等级：三级甲等
床位数量：330床

项目设计时间：2020年
项目建成时间：2022年
主创人员：李泽贤　吴思文　邓锦雄　赖煜霖　何　熹
　　　　　　林　斌　呼书杰　徐贤标　谢建勇　何佳泽
　　　　　　邓博雅　陈文国　吴享辉　黄观荣　何　洁
　　　　　　康　雨　王德霖　黄华立

■ 设计理念

本项目进一步完善喀什地区妇女和儿童疾病预防控制和治疗机构体系建设，提高公共卫生服务质量与效率，切实全面保护和关注妇儿健康，维护社会稳定，促进经济发展，把妇产科和儿科紧密结合，形成专业相互支持、互补的医疗体系，将喀什地区第一人民医院儿科综合病房楼建设项目打造为喀什地区妇女儿童医疗中心。

本项目建设内容与可研建设内容统一规划整合，支撑科室业务用房儿科楼和妇科楼，总建筑面积38300m²，共提供330张床位。

本项目通过形体的塑造，色彩的运用，材料的选择，在不影响功能的前提下创造优质、明快、大方的现代化医院建筑形象，不刻意追求形体变化。

建筑立面形象立足于清晰地反映平面布局的逻辑特征，并与环境呼应，简洁和明快的造型突出医院建筑特点。整体造型在突破整齐对称构图的基础上，注重细部的精心设计，使建筑既稳重大方又丰富精巧。立面色彩以浅色系的外装饰材料和金属构件的搭配为基调，结合浅色玻璃窗，力求反映医院建筑整洁和素雅的行业特色。

新疆地区

1 | 2/3   图1：主入口夜景图
        图2：主入口昼景图
        图3：大堂效果图

4	
5	6

图4：医疗街效果图
图5：病房效果图
图6：诊室效果图

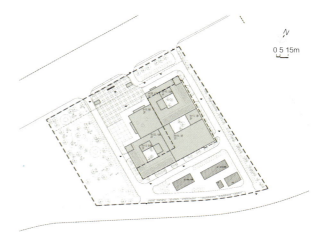

1　景观庭院　　4　医技楼
2　儿童乐园　　5　妇科楼
3　儿科楼　　　6　喀什地区妇幼保健院

总平面图

新疆地区

首层平面图

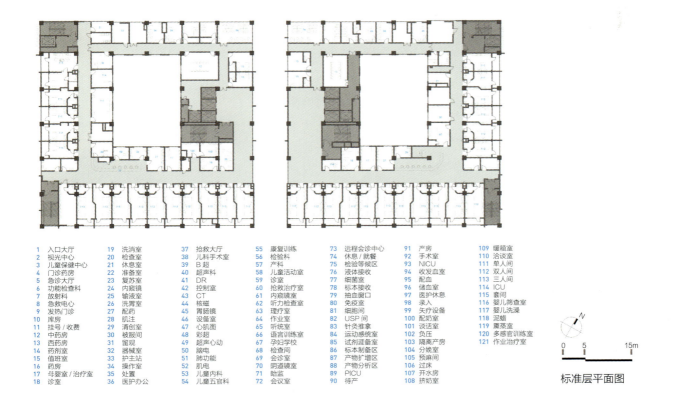

标准层平面图

喀什地区塔什库尔干县人民医院新院区

建设地点： 喀什地区塔什库尔干塔吉克自治县
建设单位： 塔什库尔干县人民医院
用地面积： 62844.27m²
建筑面积： 19820m²
医院等级： 二等甲级
床位数量： 150床
项目设计时间： 2022年
主创人员： 何　龙　宋骏攀　何　蕞　吴仲青　郭懿乐
　　　　　　　呼书杰　朱虎归　丰　燕　何佳泽　邓博雅
　　　　　　　孙恩泽　吴享辉　黄观荣　陈祚衡　何　洁
　　　　　　　康　雨　王德霖　刘骏祺

■ 设计理念

项目规划通过整合场地内已规划的传染病楼、古树保护区等客观条件，主要业务用房需兼顾门诊医技、住院、妇幼保健等复合性功能，洁污分流、健康与非健康人群分流、患者与医护人员分流等组织显得尤为关键。由于院区用地纵向较长，且中心往中部偏南的部分发展，规划利用基地北侧旅游大道、西侧乔戈里路延伸段作为北院区的主要出入口。在保证与城市主干道交叉口的70m距离的基础上，增设北

新疆地区

院区的主要出入口（西侧）和污物出口（北侧），优化院区的洁污流线分流；又通过利用地块乔戈里路延伸段南侧出入口，开设医护后勤专用出入口。

在建筑单体造型上，设计强调结合塔什库尔干地貌特色与现代化绿色医院的特点，形成具有塔什库尔干现代地域特色的医疗建筑风格。

充分考虑好建筑的主、次入口布置，建筑的可识别性和不同角度的视觉效果。新院区全部建筑立面装饰效果，宜保持与南院区相近的整体风格，并考虑新院区主次入口建筑风格与整体风格相协调。在满足门诊用房各功能需求和协调医院内及周边环境的前提下，拟设计为现代感的建筑造型。按照形式追随功能的理念，力求新颖、典雅、简洁、轻巧，摒弃烦琐的建筑装饰，以简单的平顶、对称的布局、简洁的直线、平整光滑的墙面，以及简单的檐部处理表现建筑的简约、现代感。

建筑在内部设置围合式庭院，一方面打破传统立面的单一和呆板，另一方面为医院工作人员和病人提供休闲活动的屋顶花园，大大改善医护人员的工作环境以及患者的医疗环境。

建筑为一字形与回字形庭院式布局，体现错落庭院式的现代园林景观思想，做到步移景异。大小庭院穿插其中，做到绿意昂扬、生生不息。寓意医院救死扶伤、孕育生命、保护生命的重要意义。

图1：全景鸟瞰图

图2：主入口人视图
图3：整体效果图
图4：正立面

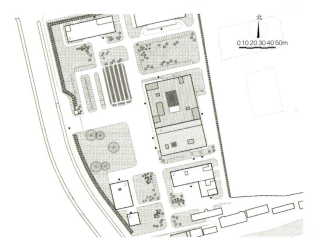

1	综合楼
2	中医康复中心
3	高压氧舱
4	制氧机房
5	医共体培训中心

总平面图

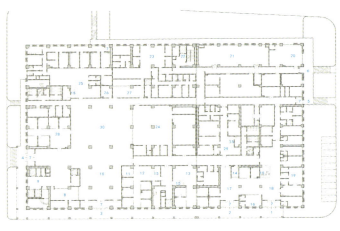

1	急救入口	11	诊室	22	污物电梯
2	急诊入口	12	外科门诊	23	检验大厅
3	门诊入口	13	产科门诊	24	药房
4	住院入口	14	急诊药房	25	内镜中心
5	医护入口	15	护士站	26	花店
6	设备用房入口	16	输液	27	候诊
7	门斗	17	急诊	28	功能检查
8	出入院办理	18	急救	29	影像中心
9	电梯厅	19	抢救室	30	采光天井
10	门诊大厅	20	发电机房		
		21	变电所		

综合楼首层平面图

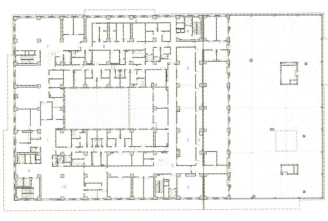

1	血库	7	ICU
2	医护区	8	病理科
3	手术中心	9	电梯厅
4	污物电梯	10	家属等候
5	手术室	11	护士站
6	污物走道	12	医护区

综合楼二层平面图

喀什地区维吾尔医院

建设地点： 喀什地区喀什市
建设单位： 喀什地区维吾尔医院
用地面积： 24873m²
建筑面积： 36419m²
医院等级： 二级甲等
床位数量： 200床
项目设计时间： 2015年
主创人员： 王 晖　黄 欣　邹明初

■ 设计理念

本项目位于喀什市区色满路的维吾尔族医院院区内，拟新建一栋综合门诊楼，总建筑面积36419m²，其中地上32179m²，地下4240m²。综合楼主要功能为：门诊、医技、住院、院内办公等。

项目以功能明确、流线清晰、关系紧密、绿色高效、方便快捷为目的。创造独具特色的自然、生态、园林式的现代医疗环境，体现"以科技为核心，患者为中心"的现代医疗理念。在建筑风貌设计上，主要采用现代简洁的手法，融合当地建筑特色元素，整体形成简约、大方、得体的现代医院形象。

新疆地区

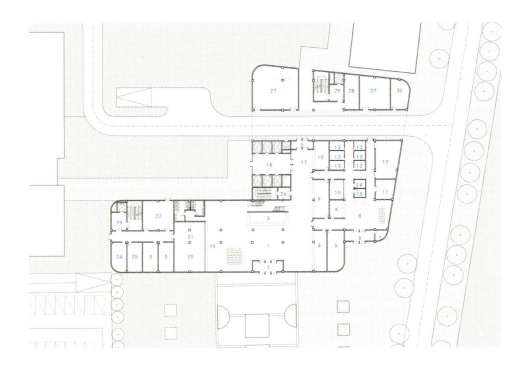

1	入口大厅	17	住院大堂
2	门厅	18	候梯厅
3	问询	19	取药
4	收费挂号	20	西药
5	办公室	21	中药
6	过厅	22	药库
7	门卫	23	医护梯
8	急诊大堂	24	值班室
9	住院药房	25	更衣室
10	住院登记	26	管井
11	清创室	27	设备
12	抢救室	28	污物
13	诊室	29	污梯
14	注射室	30	司机值班室
15	配药室		
16	急诊药房		

首层平面图

1	候诊	14	等候
2	护士站	15	候梯厅
3	诊室	16	管井
4	计价收费	17	值班室
5	儿童游戏处	18	更衣室
6	办公室	19	主任室
7	示教室	20	医生
8	更衣值班	21	处置
9	医护梯	22	留观
10	儿童输液	23	重症
11	配药	24	污洗
12	肌注	25	污梯
13	成人输液		

二层平面图

1	候诊	11	泌尿	21	计价收费	31	X光
2	护士站	12	矫形	22	内分泌	32	候梯厅
3	外科	13	治疗	23	心血管	33	管井
4	内科	14	示教	24	消化	34	值班室
5	普外	15	手术	25	病人廊	35	更衣室
6	普内	16	准备间	26	医生廊	36	医生
7	呼吸	17	打包	27	候诊	37	污梯
8	主任	18	洗械	28	控制	38	暗室
9	骨科	19	更衣值班	29	MRI	39	维修
10	神经	20	医护梯	30	CT	40	库房

四层平面图

喀什地区疏附县人民医院

建设地点： 喀什地区疏附县
建设单位： 疏附县人民医院
用地面积： 113910.57m²
建筑面积： 112018m²
医院等级： 三级甲等
床位数量： 950床
项目设计时间： 2022年
项目建成时间： 预计2025年竣工

主创人员： 黄元璞　郭俊杰　何　熹　田小霞　呼书杰
　　　　　　钟　健　何佳泽　丰　燕　邓博雅　吴小虎
　　　　　　何　洁　康　雨
项目名称： 疏附县人民医院扩建工程项目
　　　　　　修建性详细规划设计服务

■ 设计理念

项目位于喀什地区疏附县托克扎克镇团结南路东侧。北地块为综合医院区，南地块为传染病区，中间设办公及值班后勤楼。综合医院区以一字形医疗街高效联通各功能楼栋，楼栋间充分考虑绿化、日照和就诊住院的便利性，将"以人为本"的设计理念贯穿至整个设计中。建筑造型上提取当地特色元素和色调，与周边环境相协调，创造一座简洁现代、绿色生态的现代化医院。

新疆地区

总平面图

海南省琼中县中医院

建设地点：琼中黎族苗族自治县　　项目设计时间：2015年
建设单位：琼中县中医院　　　　　项目建成时间：2022年
用地面积：39485.05m²　　　　　　主创人员：王　蕾　张启铭　李浩然　邓文晴　宋建梅
建筑面积：16731m²　　　　　　　　　　　　　刘　兵　许文标　张志坚　呼书杰　梁丽娜
医院等级：二级甲等　　　　　　　　　　　　　吴小虎　陈耿权
床位数量：150张

■ 设计理念

设计总体采用化整为零的方式、园林式的布局，高差通过跌级、错层等方式，尽可能减少挖填方量。同时结合海南气候特征采用半开放式的医疗街方案链接一期二期工作流线。

建筑主体结合海南省气候、文化特征，采用琼中黎族苗族独特的船型屋元素，通过多重屋檐悬挑营造丰富的立面效果营造充满地域特色的医院建筑方案。

整体布局：门诊、急诊靠近西侧主干道，住院楼在最北侧，医技楼在场地正中央，行政管理楼独立在用地东侧留有大量预留发展用地，包括疗养楼、专家楼、黎药苗药研究中心、三期住院楼等。

交通：内部交通成环线布置，中央有南北联系的道路。场地共有三个出入口，包括门诊出入口、急诊出入口、污物出入口停车场利用退让绿化带，放置在最南侧，车位数满足修规要求数量。

民族特色：黎族、苗族人口占琼中全县总人口的三分之二，设计充分考虑黎苗少数民族的建筑元素和生活习惯，在中医院造型设计中采用坡屋顶、大挑檐和当地图腾符号等元素，并与现代建筑融合，使之具有地域性又不失现代感。

适应气候：海南处于我国南部，属于热带季风气候，由于海南岛的位置在热带边缘，一直以来都有天然大温室的美誉。常年都是夏天，没有寒冷的冬季，每年平均温度22～27℃。建筑结合海南气候特点设置了多个中庭，建筑之间也由开敞的连廊相连接。行走在建筑之间移步易景，既可躲避风雨又可乘荫纳凉。

其他地区

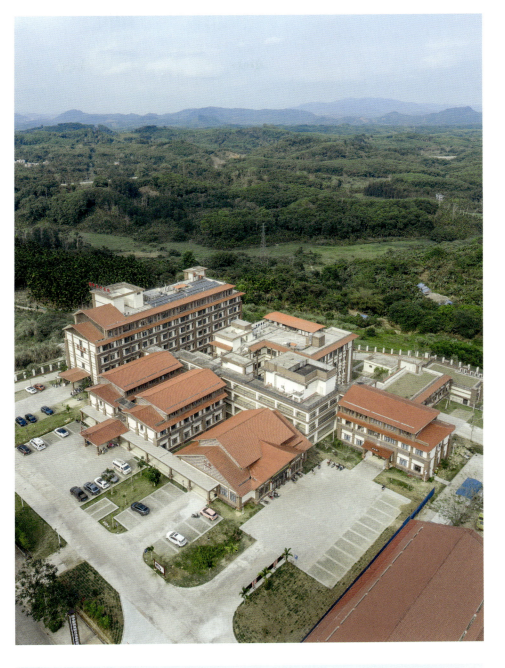

图1：沿街立面图
图2：全景鸟瞰图
图3：建筑群鸟瞰图

图4：住院楼入口
图5：急诊入口

其他地区

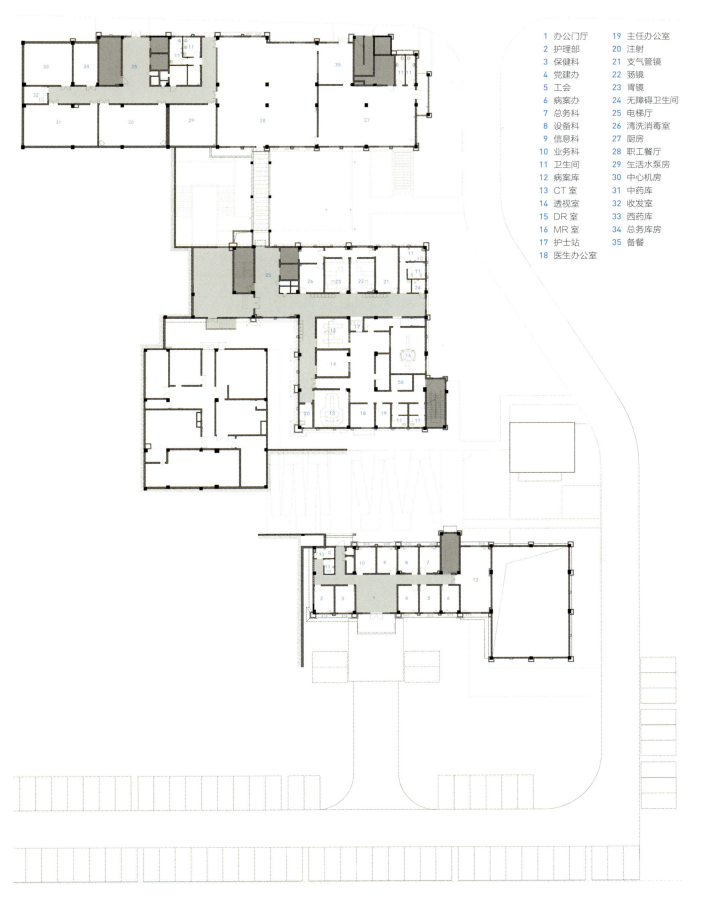

1 办公门厅	19 主任办公室
2 护理部	20 注射
3 保健科	21 支气管镜
4 党建办	22 肠镜
5 工会	23 胃镜
6 病案办	24 无障碍卫生间
7 总务科	25 电梯厅
8 设备科	26 清洗消毒室
9 信息科	27 厨房
10 业务科	28 职工餐厅
11 卫生间	29 生活水泵房
12 病案库	30 中心机房
13 CT 室	31 中药库
14 透视室	32 收发室
15 DR 室	33 西药库
16 MR 室	34 总务库房
17 护士站	35 备餐
18 医生办公室	

首层平面图

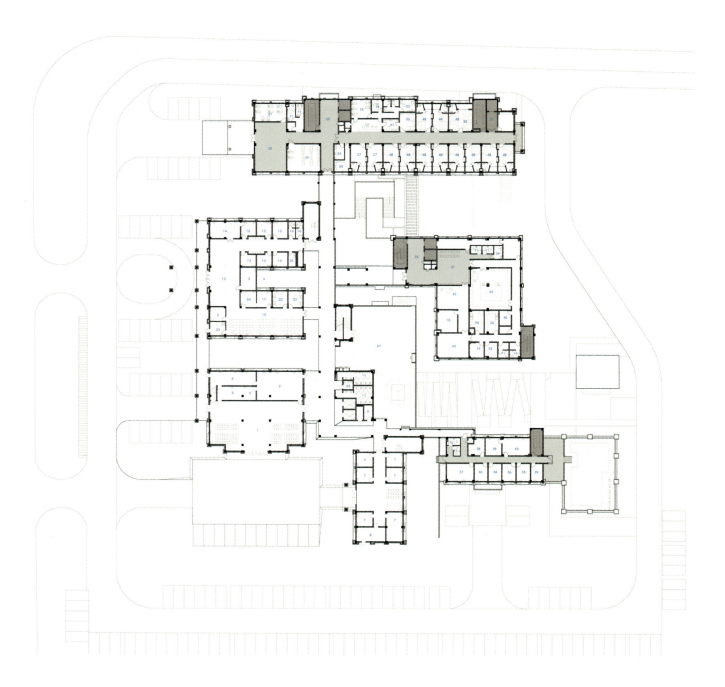

1 门诊大厅	11 卫生间	21 护士站	31 出入院办理	41 候诊大厅
2 药房	12 急诊大厅	22 留观室	32 治疗室	42 发药室
3 挂号	13 急诊室	23 司机值班室	33 值班室	43 中药制剂室
4 计价收费	14 抢救室	24 无障碍卫生间	34 配电间	44 检验大厅
5 中医制剂室	15 清创室	25 电梯厅	35 院长办公室	45 血库
6 中医药房	16 更衣室	26 HIV 检验室	36 副院长办公室	46 细菌检验室
7 诊室	17 护士站	27 活动室	37 会议室	47 庭院
8 消防控制室	18 医生办公室	28 被服	38 院办	48 病房
9 开水间	19 主任办公室	29 住院药房	39 档案室	
10 输液大厅	20 换药室	30 出入院大厅	40 财务科	

二层平面图

其他地区

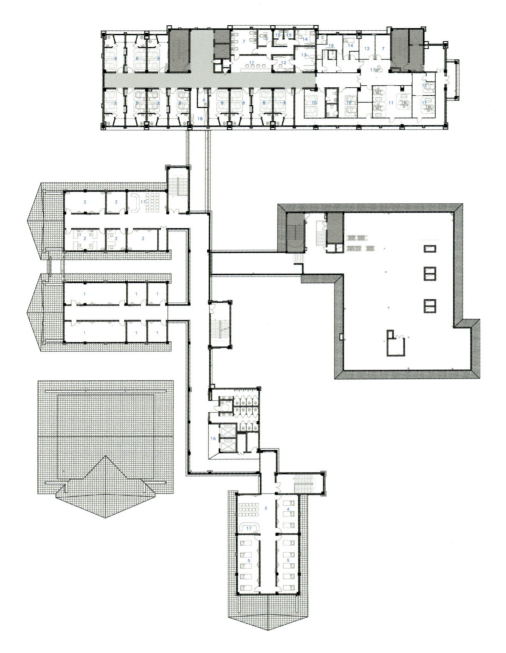

1	综合办公室	10	待产
2	诊室	11	产房
3	中医候诊室	12	配药
4	针灸	13	治疗
5	推拿	14	值班室
6	备餐	15	更衣室
7	医生办公室	16	电梯厅
8	病房	17	护士站
9	主任办公室	18	被服

四层平面图

贵州省毕节市中医院南部分院

建设地点：毕节市七星关区　　**医院等级**：三级甲等
建设单位：毕节市中医院　　　**床位数量**：1500床
用地面积：83640m²　　　　　**项目设计时间**：2017年
建筑面积：155195m²　　　　　**主创人员**：王 晖　黄 欣　邬明初　唐熠斓　陈剑波

■ 设计理念

1. 传统建筑元素的延伸

贵州地域性建筑典型元素为青砖、灰瓦、白色装饰、精细雕饰、形式多样精致的门窗等。本案欲吸取这些传统地域性建筑元素，通过现代设计手法，简化衍生成简洁的新中式建筑。

2. 传统院落的延续

贵州传统建筑院落形体丰富，一般以建筑围合、建筑与围墙围合形成相对封闭的院落空间。其院落虽不像岭南园林那样多水体、多层次，但贵州传统院落空间精细、水体灵巧。设计借鉴贵州传统院落的布置形式，通过各医疗建筑单体的围合，形成独特的康复、疗养院落空间。

其他地区

图1：主立面效果图
图2：住院鸟瞰效果图
图3：全景鸟瞰效果图

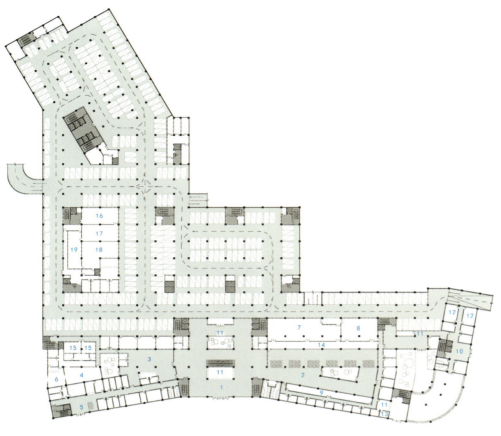

1 门诊大厅	11 服务台
2 等候大厅	12 会议室
3 输液大厅	13 值班室
4 抢救大厅	14 发药
5 急诊大厅	15 抢救室
6 急救大厅	16 收集
7 中药房	17 污物清洗
8 西药房	18 无菌存放
9 挂号	19 消毒打包
10 行政管理	

0 5 15m

首层平面图

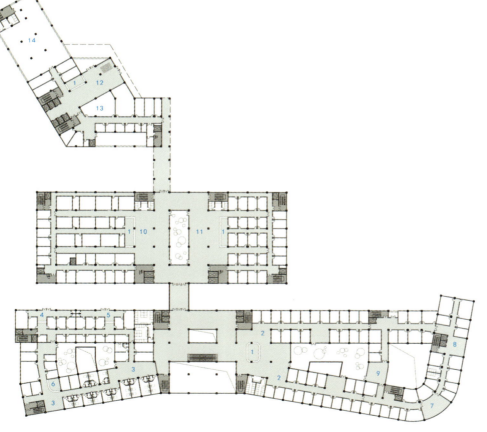

1 服务台	8 行政管理
2 内科门诊	9 休息室
3 留观	10 影像中心
4 发热门诊	11 超声中心
5 肠道门诊	12 住院大厅
6 护士站	13 药房
7 活动区	14 架空

0 5 15m

二层平面图

其他地区

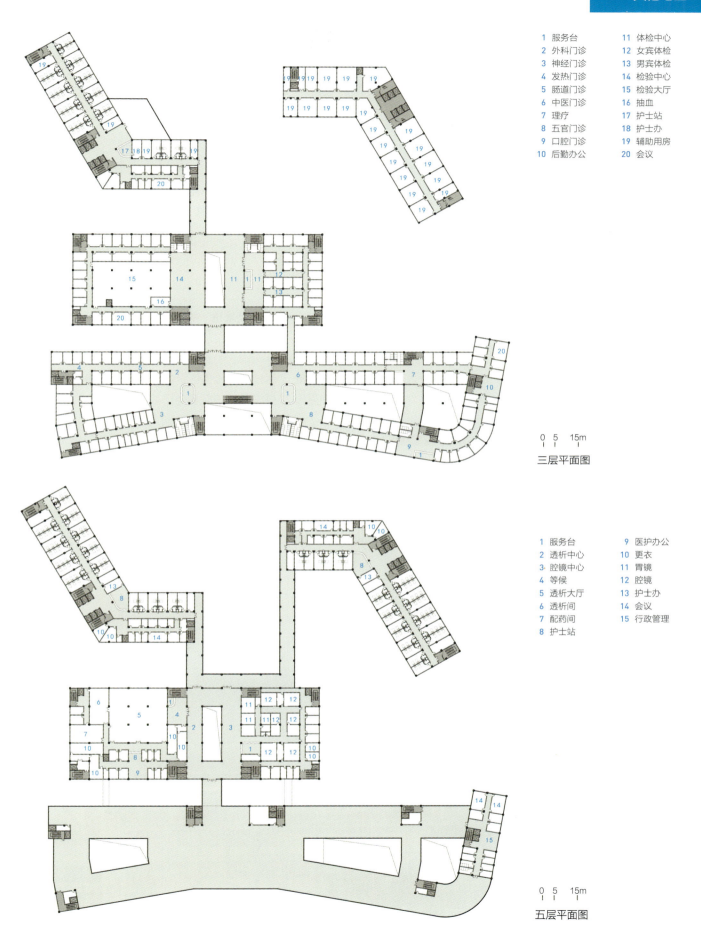

1	服务台	11	体检中心
2	外科门诊	12	女宾体检
3	神经门诊	13	男宾体检
4	发热门诊	14	检验中心
5	肠道门诊	15	检验大厅
6	中医门诊	16	抽血
7	理疗	17	护士站
8	五官门诊	18	护士办
9	口腔门诊	19	辅助用房
10	后勤办公	20	会议

三层平面图

1	服务台	9	医护办公
2	透析中心	10	更衣
3	腔镜中心	11	胃镜
4	等候	12	腔镜
5	透析大厅	13	护士办
6	透析间	14	会议
7	配药间	15	行政管理
8	护士站		

五层平面图

毕节市第三人民医院（传染病院）建设项目

建设地点：贵州省毕节市　　**建筑面积**：149477m²
建设单位：毕节市第三人民医院　　**项目设计时间**：2017年
医院等级：三级甲等综合医院　　**项目建成时间**：2023年
床位数：1000床　　**主创人员**：王晖　黄欣　田甜　吴校军　呼书杰
用地面积：146877.94m²　　　　　　陶礼龙　苏伟　范海波　陈剑波　郭国恒

■ 设计理念

遵循"以人为本"、以"患者为中心"的原则。整个院区承担着医、教、研、防、保健和健康咨询等诸多职能，力求在山地医院设计中体现更多人性化设施，追求全方位的人文关怀，以及高技术与高情感的平衡，创造人性化的医疗环境。

在本案功能布局中，主要分为普通门急诊、住院区、医技楼、传染区、办公区及保留自然景观休闲区。其中，考虑到医技楼位置要求临近住院部，而将医技楼设置于住院楼与门诊楼中间，这样使得各病区人流皆达到使用效率的最大化。

在院区主入口扩大所形成的缓冲广场上，开敞灵活的巨大共享空间为医患提供了疏散与分流的交通枢纽，并作为院区"医疗街"轴线的灵魂所在，这里积极的城市空间被带入院区，并通过门厅通透玻璃上的视线通廊将自然地势上中央核心景观带投射到城市界面上，形成了入口广场与山体景观的相互连接，犹如从其中自然生长出来一般。

其他地区

图1：正立面效果图
图2：出入口大厅效果图
图3：景观廊道效果图

科研成果

医院智慧化建设研究与实践

智慧医院相关科研成果

优秀论文

医疗建筑智能化系统设计

基于 A^2/O 工艺的给排水污水处理优化试验

喀什地区某医院儿科业务用房的消能减震设计

医院智慧化建设研究与实践
RESEARCH AND PRACTICE ON THE INTELLIGENT CONSTRUCTION OF HOSPITALS

我国进入智慧医院建设阶段始于《国务院关于积极推进"互联网+"行动的指导意见》（2015年）、《全国医院信息化建设标准与规范》（2018年）、《国务院办公厅关于促进"互联网+医疗健康"发展的意见》（2018年）等一系列文件、规范的发布。特别是2021年前后智慧医院分级评估标准体系的发布，在问题和需求的导向下，不断提升医院信息化、智能化水平，指导科学、规范开展智慧医院建设奠定了良好发展基础。

智慧医院区别于其他智慧工程，在于具有高的社会公共服务属性，面向全社会，影响方方面面，智慧医院的建设必然是以公共服务为导向的智慧化建设。因此导入智慧本源理念，明晰智慧工程的特质及建设需求，科学统筹协调工程规划、设计建造、信息化应用、运维管理、人文引导等多方面，成为高质量智慧医院建设的工作基础和系统建设保障。

随着社会、经济及信息技术的发展，"互联网+医疗智慧服务"体系不断向城市、社区延伸，以新发展理念为引领，以技术创新为驱动，以信息网络为基础，建设面向高质量发展需要的数字化、融合创新的智慧医院，成为医院建设的发展方向。云计算、大数据、人工智能（AI）、5G通信和物联网技术等现代科技越来越多地应用到智慧医院的智慧医疗、智慧服务、智慧管理"三位一体"当中。

目前国内外智慧医院的建设主要集中于智慧医疗体系，包括医疗AI、医生工具、电子病历集成、临床辅助决策、医疗质量监管及大数据建设与应用等方面，在医疗信息互联互通、系统集成、数据准确性等方面形成了相关的体系和标准。为解决不同人群、病种的医疗需求和医疗资源配置不平衡等问题，我国智慧医院建设有多技术、跨市、跨省融合发展趋势，国家各类区域医疗中心体系的建设正在全国铺开。

1 从智慧出发

1.1 溯源智慧

智慧，是生命体通过感知、分析、决策执行而形成的高级创造思维能力。这个高级创造思维能力是一种基于内外部的互动感知，是将信息自主逻辑分析、思考和判断，形成决策反馈响应的思维综合能力，具有互动性、灵活性和实时性，这也是智慧和智能的本质区别。智慧是一个相对概念，任何物质形态组成的"生命体体系"都具有智慧，只是表现的形态、形式、层级不同。

基于对智慧的理解，智慧是生命体所特有的。显然对于智慧工程，它不再是简单的空间形态和相关智能化设备、技术的堆叠，而是围绕生命体所具有的感知、分析、决策等相关特征（能力）核心要素进行系统性构建，使智慧工程成为一个可承载智慧能力的完整"有机生命体"。

1.2 智慧工程特质

智慧工程具有愉悦互动性、系统性、实时性和绿色生态四大特性，主要体现在感知、分析、决策这三个特征能力建设中。

1.2.1 感知能力

感知是实时的，是人和建筑环境之间的双向互动感知，包括人对建筑场地、空间、形态、色彩、质地以及服务等多方面、多专业的感知，以及建筑通过各类传感设备（温湿度、流量、电量、视频、位置等），以及物联网、高速通信（5G网络）、编码协议等智慧科技，实现对所服务的人和建筑内外实时环境情况的感知。

感知能力建设是智慧工程的基础。感知的深度和广度对工程投资规模、运维能力需求、数据实时准确度有重大影响，是智慧工程建设的重点内容。

"无互动不智慧。"对人而言，智慧是一种愉悦的感受，智慧工程应该使人在愉悦感受中体会工程智慧之所在。人对建筑的愉悦感受主要来自于对建筑"安全、舒适、便捷、创新（惊喜）"的感受体验，而这正是绿色建筑具有的主要特征和评价标准，也是智慧工程绿色生态的具体体现。

1.2.2 分析能力

主要包括感知数据的采集、传输、分析分类和存储等，涉及高速通信、信息传输、大数据和云存储等智慧科技，需要计算机、通信、建筑智能化等多专业协同。

分析能力建设的价值更多体现在智慧工程的信息化系统架构和物理链路建设，为工程运管系统实时分析、趋势判断和决策反馈提供基础数据，使建筑在互动性方面提高

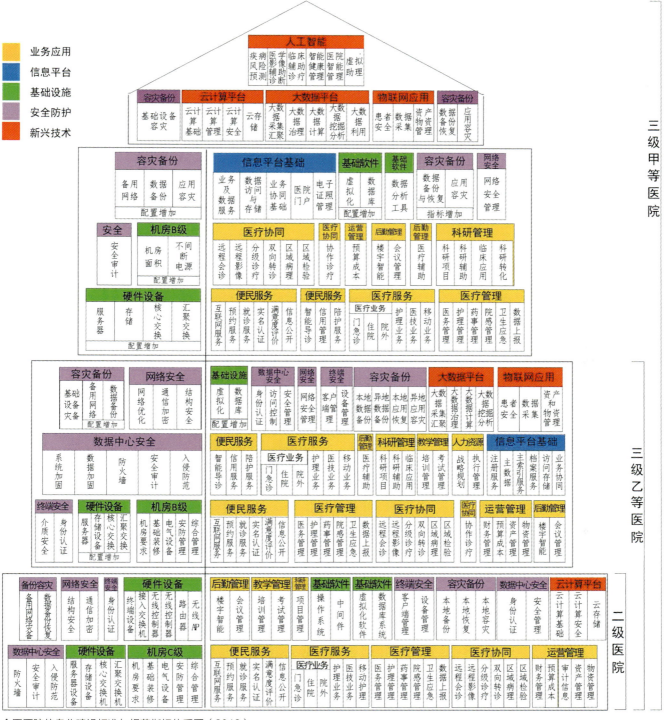

全国医院信息化建设标准与规范指标体系图（2018）

了主动反馈的服务能力。对工程智慧系统的整体系统性及数据实时响应影响巨大，需要整体布局建设。

1.2.3 决策能力

根据采集的数据，通过人工智能核心算法、数据模型等对各类信息数据进行清洗、比对、融合，并作出主动趋势判断，提出实时性决策输出，是工程智慧化的软硬件建设核心。需要信息技术以及工程相关建造、运维等专业技术的高度协调融合。

决策能力建设涉及大数据、云计算、数据库、人工智能等信息科技和系统软件开发，具有实时性、主动性、系统性，是智慧工程运维一体化平台建设的核心。

可以看出，智慧工程的生命体特征（能力）建设是系统的，贯穿工程的各个方面。作为承载智慧能力的有机生命体，为确保智慧工程具有愉悦互动性、系统性、实时性和绿色生态等特质得到充分体现，需要智慧工程规划、设计、建造、设备供应、运维等参建各方通力合作完成，显然全生命周期建设、管理和运维是智慧工程建设的必由之路。

2 医院智慧化建设

2.1 建设核心理念

医院是以患者为中心的高社会公共服务属性设施，面向社会各阶层服务。智慧医院的建设必然是以服务患者为中心，以人为本、以服务为导向的智慧化建设。这是取得智慧医院建设要素的底层逻辑。

国外智慧医院建设重点集中在医疗AI、医生工具等智慧医疗方面，主要以大型医疗设备及系统公司主导推动，在医疗信息互联互通、系统集成、数据准确性等方面形成了相关的体系和标准，并向世界推广。

根据2021年智慧医院分级评估标准体系要求，国内智慧医院的范围主要包括三大领域：面向医务人员的智慧医疗、面向患者的智慧服务、面向医院管理的智慧管理。智慧医院建设是包含智慧医疗、智慧服务、智慧管理"三位一体"的智慧化建设。

2.2 智慧医疗

主要是面向医务人员以电子病历为核心的临床诊疗系统应用。包括智慧医院系统、区域卫生系统、家庭健康系统等诊疗系统。在医疗诊断与指导、医疗监测与护理、远程医疗操控等方面发展潜力巨大。云、网协同及融合平台化是建设趋势。

2.3 智慧服务

主要是以提供医患之间的顺畅互动为核心，面向患者的互联网+医疗服务系统应用。如网上挂号、预约诊疗、移动支付、床旁结算、就诊提醒、结果查询、信息推送等便捷服务。高速率、高精度以及提供跨区域、跨平台衍生问诊服务等是发展方向。

2.4 智慧管理

主要是以支撑智慧医疗、智慧服务为核心，面向管理者的医院综合管理信息化应用。通过大数据、人工智能、区块链、云计算、物联网等信息技术，对医院的水、电、气、空调系统、信息系统等基础设施，以及医疗药品、器械、大型设备等进行全方位的管理、运行和维护。基于高精确度三维信息系统的运维管理平台建设等是主要需求。

3 全生命周期建设和管理实践

工程全生命周期建设一般划分为规划、设计、建造、运维（拆除）四个阶段。智慧医院工程建设，以BIM等数字孪生手段生成的可支撑各阶段的基础三维信息模型是实现建筑全生命周期建设管理的重要手段。

3.1 智慧建设要点

建立基于BIM的三维信息模型应包含建筑物（工程）真实空间数据、特征数据等数据信息，具备高精确度、高准确度，保持全生命周期各阶段（规划咨询、工程设计、建造实施、运维及资产管理、拆除等）三维信息模型的一致性，可全面支撑工程感知、分析、决策全生命周期各阶段建设管理，体现"愉悦互动性、系统性、实时性和绿色生态"的智慧工程特质，附着于三维信息模型上的各类数据可成为建设、运营、管理的重要价值资产。

3.2 智慧建设手段

从感知、分析、决策三个层面出发，根据规模、投资及管理需求，从生命体特征建设出发，在建筑设计、功能布局、设备选型、感知类别、系统兼容等多方面进行实践；完善信息系统物理链路设计，搭建高速信息网络，为数据采集、传输、分类、存储提供可靠的、可持续发展的支撑；以融合工程各类数据的精确三维信息模型为基础，建立面向资产的智慧医院一体化可视运维平台，形成高效的运行监控和决策辅助平台。

3.3 智慧建设实践

3.3.1 多维技术综合应用实践

面对医疗建筑功能空间交错、管线众多、医患流线复杂、运维个性化、社会民生服务等突出工程特性，为满足医院智慧化、绿色低碳等统筹一体化建设需求，需要工程医疗工艺设计与建筑设计、建筑性能分析、装修设计同步，BIM全专业正向设计、智能化系统一体化集成、投资造价全过程协同控制。

规划、设计、建造、运维等建设全过程参与，并结合医院的科室建设、发展规划，针对性融合建筑新材料、建筑环境分析以及大数据、5G网络、物联网等技术，适度选用新材料、新工艺，有效提高工程建设整体性、全局性质量和效率，提高项目投资运营的合理性、先进性。

3.3.2 关键技术研究及应用实践

1）三维信息技术开发应用。主要面向建设、运维等建设阶段，通过参数化设计软件应用等工程数字化手段，把控建筑三维信息模型（BIM）系统的高效率、完整性、

智慧医院多维技术深度融合

某医院物联网技术应用

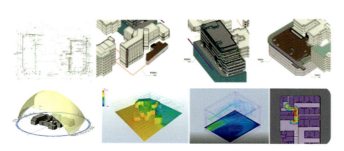
某中医医院中医药传承创新工程

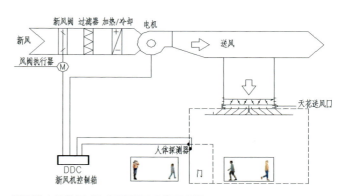
某医院人员数量感知智慧新风系统原理图

准确性，在施工建造、建筑性能、交通组织、防火疏散、气流组织等方面结合BIM-VR技术进行模拟分析，使医院设计在场地规划、空间形态、医疗工艺、机电配置、工程建造、造价控制等方面得到一体化的技术数据支撑，为建筑数字孪生和全生命周期建设运行提供基础数字化保障，提升项目建造效率以及质量，为建设设计、施工、运维一体化的现代智慧医院打下了坚实基础。在工程实践中也形成了基于参数化设计的差异化比较技术等专利技术。

2) 平疫结合医疗工艺转化。这是现代智慧医院平疫结合、病区规划的关键技术难点。通过数字模拟疫情初发期、爆发期和持续期等不同阶段的医患管理和服务，研究医院的平疫结合方针和医疗工艺精细化演化及未来发展，根据不同程度疫情背景提出平疫结合医院（病区）的医疗工艺转化流程模式。结合可变式阳台等专利技术应用，针对国家级、省市级、县级医院的不同层级定位，通过智慧管理及智慧设备运用，控制可变式阳台及进出流程的转化，结合空调系统的切换，满足平疫转化的要求。研究可广泛运用于后疫情时代的智慧医院建设。

3) 物联网技术研究及应用。物联网技术结合云计算、大数据等技术，极大地提高了医院的智慧医疗、智慧服务、智慧管理的水平。通过有线、无线等物联网技术，统一协议、统一标准、统一架构，采用集中的物联网数据引擎，对各类智能传感器上报数据，统一数据分发口径，对医院主要机电设备及系统、空间、环境等方面信息进行数字化实时监测、分析和控制决策，实现人员管理、医疗服务、供应链、医疗废弃物、健康管理等方面的智慧化管理服务。

4) 绿色节能技术研究及应用。绿色生态、节能是智慧医院的重要属性。绿色节能技术深入覆盖医院建设规划选址、场地设计、建筑形态及空间、机电系统配置、全生命周期管理等各阶段的方方面面。面向现场的在地化设计、建造和运维是实现医院绿色生态、节能的重要建设理念。通过对医院建设的建筑材料性能、运行用能、医疗服务等方面的数据化分析，结合智慧高效机房、能量回收利用、储能、建筑光伏系统、智能变频等技术应用，实现智慧医院的高品质建设。

3.3.3 智慧医院一体化运维管理平台建设实践

以融合各类数据信息的建筑物（群）三维信息模型为基础，以BIM可视化为核心，完善物理链路设计，搭建信息高速网络，将医疗建筑内的各设备、管线、安全监控等资产在可视化基础上形成精确三维数据库，实现业务动态可视化，形成直观、高效的运行监控和决策辅助平台。基

某医院机电设备机房　　　　　　　　　　　　　　　基于云服务的智慧医院一体化运维管理平台

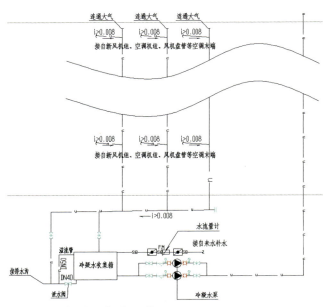

某医院空调冷凝水回收利用系统

于多能互补及能源互联网理念，实现医院"电、冷、水"等能源的综合统筹规划，实现能源综合供应、维护、销售及结算的网络智能化控制和管理，达到有效调整和平衡医院能源供需结构、推动节能减排、降低能源消耗、提高能源利用效率、提升管理运营水平，最终实现绿色、智慧的建设目标。

基于"CIM/BIM+建设""BIM+运维管理"等数字孪生技术及大数据、物联网、系统集成等为主要工程实践措施，通过基于建设工程全生命周期协同发展建设运维需求的信息模型系统，融合组织架构、数据云、影响因素分析、运行流程、平台构建及应用这五个方面，形成高质量的智慧医院工程全生命周期建设、运维及管理系统平台及相关的信息技术产品，将有效解决目前智慧医院建设中相关决策数据的精确度、适用度和关联度不足，以及医院的发展规划和实际运维有所脱节等较为普遍的问题。

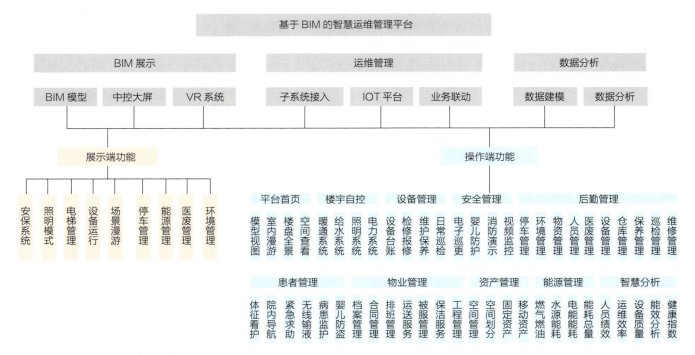

某医院智慧运维管理平台（V1.0）

智慧医院相关科研成果
RESEARCH ACHIEVEMENTS RELATED TO SMART HOSPITALS

省级科研平台		
序号	研究中心名称	授予部门
1	广东省智慧医院工程技术研究中心	广东省科技厅

科研课题		
序号	课题名称	负责人
1	新冠肺炎疫情防控背景下发热门诊的医疗工艺研究及未来设计策略探讨	黄欣、何龙
2	基于综合特征数据三维数字模型的运维一体化平台系统 技术研究	吴校军、呼书杰
3	智慧医院运维管理一体化平台系统	吴校军、呼书杰
4	基于智能建造下医院改造更新工程一体化建造探索	李锦铭、杨剑维、黄俊
5	城市街谷形态对医院室内外空气质量影响研究	杨定、张益伊

发明专利		
序号	专利名称	专利号
1	一种远程接入管理平台及管理方法	ZL 2023 1 0334958.3
2	一种屋面球场平面变形缝	ZL 2022 2 2028337.6
3	一种含实腹式鱼腹冠梁基坑支撑装置	ZL 2022 2 3134618.6
4	一种基于数据安全的远程办公系统	ZL 2021 1 0643953.X
5	一种拆除剪力墙置换框架梁的改造节点	ZL 2021 2 2269424.6
6	一种基于REVIT的不同阶段BIM模型的差异比较的方法	ZL 2021 1 0662401.3
7	一种平疫结合的可变式阳台	ZL 2020 2 2939623.9
8	一种岩土工程用搅拌桩	ZL 2018 2 1386014.1
9	一种房屋的遮蔽晾衣位的洗手间结构	ZL 2015 2 0147059.3
10	一种适用于公用场所的洗手间或更衣间的结构	ZL 2015 2 0147058.9
11	一种自动灭火的地下机械式立体停车库	ZL 2015 2 0147057.4
12	基坑支护结构的临时加强及防排水系统	ZL 2013 2 0136553.0

获奖项目		
序号	医院名称	奖项名称
1	喀什地区第一人民医院广州新城传染病院区呼吸感染楼，医技楼建设项目提标升级工程可行性研究报告	2022—2023年度广东省优秀工程咨询（科技）成果二等奖
2	南雄市中医院异地新建（中医院与妇计院医共体）建设项目	2023年度韶关市优秀工程勘察设计奖二等奖
3	喀什地区第一人民医院疏附广州新城院区改造项目	2023年度新疆优秀工程勘察设计行业奖三等奖
4	广州中医药大学紫合梅州医院项目一期建设工程	2023年梅州市优秀工程勘察设计奖一等奖
5	蕉岭县中医医院迁建工程	2023年梅州市优秀工程勘察设计奖一等奖
6	梅州市妇幼保健计划生育服务中心	2023年梅州市优秀工程勘察设计奖一等奖
7	梅州市中医院中医热病中心项目	2023年梅州市优秀工程勘察设计奖一等奖
8	蕉岭县妇幼保健计划生育服务中心迁建工程	2023年梅州市优秀工程勘察设计奖二等奖
9	BIM技术在全过程造价管控的精准化应用研究	2023年度广东省工程勘察设计行业协会科学技术奖三等奖
10	玉林市第一人民医院区域医疗中心业务楼可行性研究报告	2020—2021年度广东省优秀工程咨询成果二等奖
11	平疫结合医院（病区）的医疗工艺转化流程研究及运用	2022年度广东省工程勘察设计行业协会科学技术奖三等奖

续表

获奖项目		
序号	医院名称	奖项名称
12	蕉岭县人民医院迁建	2021年梅州市优秀工程勘察设计奖一等奖
13	BIM正向设计提升广东省中医院项目复杂医疗建筑创新应用	第九届全国BIM大赛设计组二等奖
14	BIM正向设计提升广东省中医院项目复杂医疗建筑创新应用	第十一届"创新杯"建筑信息模型（BIM）应用大赛
15	贵港人民医院院史馆	意大利A奖
16	广西桂平人民医院江北院区临时急诊发热门诊电气设计	2020年"抗疫情·医疗建筑电气设计竞赛"三等奖
17	毕节第三人民医院（传染病院）建设项目可行性研究报告	2016—2017年度广东省优秀工程咨询成果二等奖
18	大亚湾经济技术开发区人民医院新院	2017年广东省优秀工程设计二等奖
19	喀什地区第一人民医院门诊楼	2016年度广东省土木建筑学会科学技术奖三等奖
20	喀什地区第一人民医院门诊楼	住房城乡建设部科技示范工程
21	广州亚运城医院（广州医学院第四附属医院）	2013年度广东省优秀工程设计二等奖

计算机软件著作权		
序号	名称	编号
1	粤规科技智慧建筑运维一体化管理软件	软著登字第13246487号
2	智慧建筑运维管理平台[简称：智慧建筑管理系统]V1.0	软著登字第12075787号
3	视频空间实时定位基础平台V1.0	软著登字第12701024号

医院相关论文		
序号	论文名称	第一作者
1	医疗建筑智能化系统设计	吴校军
2	基于A20工艺的给排水污水处理优化试验	呼书杰
3	喀什地区某医院儿科业务用房的消能减震设计	何熹
4	整合社区优质资源探索医养融合服务新模式	王晖
5	医院检验科设计探析	何江
6	浅谈医院环境设计	何江
7	医院边界与城市融合关系探讨——以广东省中医院二沙岛分院为例	何龙
8	应和与折衷——县级医院适宜性设计探索	何龙
9	医院建筑设计中绿色医院高效运行的思考	邓锦雄
10	关于医院建筑公共空间人性化设计探讨	宋骏攀
11	县级综合医院新院区总体规划与设计研究——以桂平人民医院江北院区为例	王志超
12	小城镇老院区高层医疗建筑设计研究——以桂平市人民医院2号住院楼为例	王志超
13	现代医疗建筑空间结构的人性化设计	区文谦
14	绿色医院的建筑设计具体方式分析	赖煜霖
15	BIM在医疗建筑建设与运行管理中的应用研究	陈浩生
16	医院内镜中心的设计要点探讨	邬明初
17	医疗建筑特殊防护用房——直线加速器设计与施工	黄俊
18	高烈度地震区医疗建筑改造结构加固设计要点	黄俊
19	新建医疗建筑结构设计要点探讨	何熹
20	从机电管线看医院空间设计	呼书杰
21	"平疫"结合院区空调通风系统平疫转换的设计与思考——以梅州市中医医院中医热病中心为列	丰燕
22	探析智慧医院规划设计	吴小虎
23	巴楚县人民医院负压隔离病房改造项目暖通空调设计	谢建勇
24	绿色建筑设计方法在医疗建筑中的应用研究	汤建乐

医疗建筑智能化系统设计
INTELLIGENT SYSTEM DESIGN OF MEDICAL BUILDING

吴校军
WU Xiaojun

摘　要：结合实际工程案例，分析医疗建筑智能化系统的特点，总结相关智能化系统的配置及设计要点，以及工程智能化系统建设过程中应注意的问题。

关键词：医疗建筑；智能化系统设计；医疗信息系统；计算机网络系统；门诊楼综合布线系统；门诊楼信息发布系统；电子排号系统；手术示教系统；安防系统；护理呼叫系统；机房建设

Abstract: Design of an engineering case study, analyzing the characteristics of medical building intelligent system, summarize related Configuration and design points of intelligence system, and intellectualization system construction and engineering - related problems needing attention in the process

Key words: medical building; intelligent; information system

1　医疗建筑的特点和智能化发展需求

医疗建筑相较其他民用建筑具有人员多、设备多、运行时间长、功能复杂等特点，在社会经济中的重要性不言而喻。随着社会和经济的发展，患者对医务工作、就医环境和服务也提出了越来越高的要求。

随着"金卫"工程建设的推动，通过卫星、有线、无线通信和利用多媒体技术实现全国卫生机构间的高速信息网络在逐步形成。

2013年国办发〔2013〕1号文件《绿色建筑行动方案》明确要求医院、学校等公共建筑自2014年起全面执行绿色建筑标准。建筑智能化、信息化和数字化始终遵循"以人为本、可持续发展"原则，是实现绿色建筑的重要前提。

2　医疗建筑智能化系统构成及特点

作为医疗建筑电气设计的重点之一，智能化系统设计是医疗建筑得以智能化、信息化运行的基础。医疗建筑智能化系统主要包括信息设施系统、建筑设备及诊疗设备监控系统、公共安全系统、呼叫信号系统、电视系统、公共广播及背景音乐系统等建筑智能化系统。其中医疗信息系统（HIS）、医学影像存档与通信系统（PACS）、电子病历系统（EMR）等信息设施子系统是医疗建筑特有的智能化信息系统。

医疗信息系统（HIS）是医院主要业务运行信息系统，涉及诊疗、管理、医疗数据统计、远程会诊等多项医疗业务。系统包括医护对讲系统、分诊叫号排队系统、划价收费、信息统计、显示公告及查询系统、远程会诊系统等多个医务信息子系统。医学影像存档与通信系统（PACS）主要包括医疗影像采集、存档及数据分析、信息交换共享，系统主要面向PET、DSA、MR等医疗数字影像设备。电子病历系统（EMR）通过计算机网络实现对患者就诊信息的采集、存储，并为医疗信息系统及医学影像存档于通信系统等医疗系统提供就诊患者的诊疗基础信息。

医疗信息系统应用类型多样，数据信息繁杂，要求系统具有很高的网络实时性、安全可靠性、开放性和可扩充性。医疗建筑智能化设计必须结合医疗信息系统的运行特性，并根据医院医务流程、管理需要及建设条件，建立一个技术完善、组织规模合理的数字化信息网络系统，以全面实施办公自动化、医务自动化、信息管理网络化等高效、可靠的现代化运作管理模式。

3 医疗建筑智能化系统设计

下面就结合具体工程项目来分析和总结医疗建筑智能化系统设计的特点及主要弱电系统构成。

3.1 工程概况

某三甲医院门诊综合楼（以下简称"门诊楼"），由主楼（新建）和裙楼（原建改造）两部分组成。

包含医技、门诊、住院、教学等医疗配套设施。新建主楼17层，其中地下1层为核医学科，1层为影像科，2层为急诊科，3～10层为各科诊室及治疗室，11层为弱电机房及办公用房，12～15层为住院部；16～17层为模拟医疗教学及培训。裙楼4层，其中1层为门诊大厅、药房等，2层为急诊、输液，3层为检验科，4层为康复科。

3.2 系统总体框架及设计原则

为满足本项目医疗相关业务的运行需要，通过与业主沟通、协调，并结合医院弱电系统总体规划，门诊楼内分别设置了信息设施系统、建筑设备及医疗设备监控系统、公共安全系统及呼叫信号系统等智能化弱电系统。

各弱电子系统主服务器采用医院中心机房已有设备，门诊楼各弱电子系统网络交换设备、控制主机通过医院弱电主干网络与医院弱电中心机房联络通信。

项目系统设计应可靠、经济、实用，应选用先进、成熟、可靠的技术及产品。各智能化弱电子系统应具备组网及扩展提升能力，并须和院区原有的弱电系统有效完整融合，以便后期院区弱电智能化系统集中管理、高效运行。

3.3 信息设施系统

信息设施系统包含数据网络系统、电话交换系统、医疗信息系统（HIS）、公共广播系统、信息发布系统、有线电视系统、室内移动通信覆盖系统等信息子系统。

信息设施系统各子系统主机、服务器设于医院的弱电中心机房，各子系统通过光纤布线由中心机房接入综合楼弱电机房各交换机柜内。医院计算机网络系统结线如图1所示。

信息设施系统各网络子系统以综合布线系统为网络承载平台。综合布线系统主干采用单模光纤布线，由弱电机房放射引至各楼层弱电间网络设备机柜；水平子系统采用6类非屏蔽双绞线（以下简称"CAT6"）布线，各诊室、办公室、医技检验等用房根据医疗工作需求配置相关语音及数据信息点。手术室、示教室、影像科、核医学科等传输信息量大的场所，水平子系统采用光纤到终端的布线方

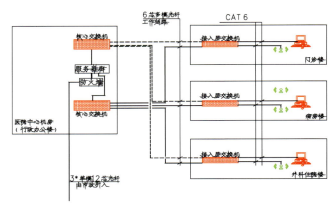

图 1 医院计算机网络系统示意
Fig. 1 Hospital computer network system schematic

式。走道、大厅等公共区域根据信号覆盖需要设置分布式天线进行移动信号扩展覆盖，其布线采用CAT6单独布线方式。门诊楼综合布线系统如图2所示。

根据水平布线子系统的布线距离，在部分楼层设置弱电间，内设综合弱电机箱（柜），每个交换机柜所带信息点位不多于200个。

根据院方使用要求，综合布线系统采用内外网合一的共网布线方式，不再设置物理相互独立的内、外网布线系统。数据网络系统在核心层内外网交换机分开设置，并采用1+1冗余配置，接入层内外网合用交换机。医疗信息系统等内网需求和办公管理系统等外网需求数据合用综合布线主干线路，楼层信息点内外网分开布设。

医疗信息系统可通过设置操作权限分类管理医疗建筑的管理信息和临床医疗信息，分级管理各科室的临床信息。此系统配置具有布线简单、系统维护方便、内外网数据共享便捷、防火墙设备配置少等优点，并可实现内外网在数据链路层及以上的安全隔离，保障医疗信息系统（HIS）的运行和信息安全，在满足系统运行可靠、高效、可扩展的前提下节省了布线及设备投资。

门诊楼有线电视系统规模为C类。在会议室、示教室、候诊区、输液室、病房、主要电梯前厅等处设置有线电视终端。采用独立前端系统基本模式，邻频传输，传输上限频率采用862MHz，用户分配网络采用分支分配方式，系统出线口电平为64±4dB。前端设备设于建筑的地下1层弱电机房内。有线节目源由医院原有线电视系统机房采用光缆就近引入。

门诊楼广播系统采用公共广播系统和应急广播合用扬声器，广播主机设于1层值班室。系统平时可用于医疗业务及背景音乐广播，消防应急时可强制切换到应急广播状态。广播按防火分区并结合医疗使用功能分区控制，便于日常使用。广播系统采用定压输出，根据医院门诊等相关

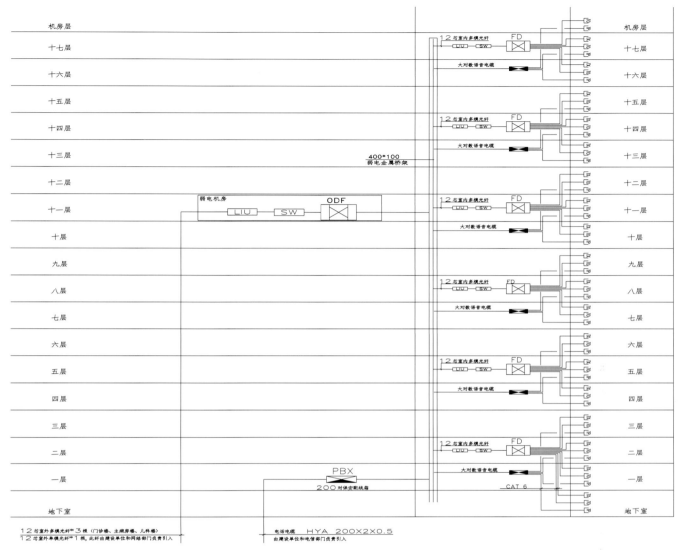

图 2 门诊楼综合布线系统
Fig. 2 The clinic building integrated wiring systems to indicate their wish

区域人员较为密集的特点，合理调整布置各区域的终端广播音箱，以达到良好的播出效果。

门诊楼视频示教系统主要设于各示教室、模拟手术室等。系统在相关场所分别配置光纤网络信息点位、有线电视点、高清视频摄像点、拾音话筒、大屏幕显示、音视频切换控制、编辑存储等设备。系统水平子系统布线采用光纤布线，以满足大数据传输的需求，系统可实现对医疗教学实况进行场景切换、录制、编辑并提供教学、远程会诊和信号源的远程传输，可通过连接互联网实现远程诊断、专家会诊、信息服务、在线检查等远程交流功能。门诊楼手术示教系统如图3所示。

门诊楼信息发布系统主要设于1层门诊大厅、住院收费大厅。在大厅的适当位置设置触摸查询装置及LED显示屏。系统独立管理，同步播放，实现医疗信息的查询、发布和引导，如图4所示。

在门诊挂号、取药、候诊等处设置分诊电子排号系统，系统采用总线控制方式，如图5所示。

3.4 建筑设备及诊疗设备监控系统

建筑设备及诊疗设备监控系统主机设于1层安防控制室，系统通过网络可与医院监控中心联网。

建筑设备监控系统主要包括配电自动化测控系统、照明智能控制系统、空调机水泵动力控制系统、电梯检测系统等。系统采用总线控制方式，在主要设备机房、控制箱（柜）设置现场总线控制器（DDC），可完成测控设备的工况检测、记录、控制及故障报警。

诊疗设备监控系统主要实现对门诊楼内地下室核医学科PET-CT、回旋加速器及1层影像科CT、MR、DR等

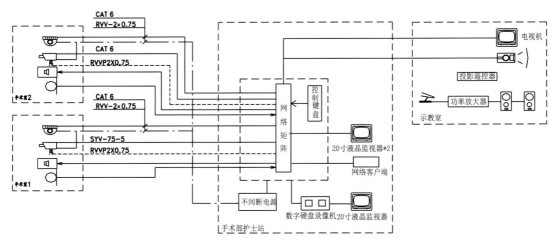

图 3 门诊楼手术示教系统
Fig. 3 surgery demonstration system

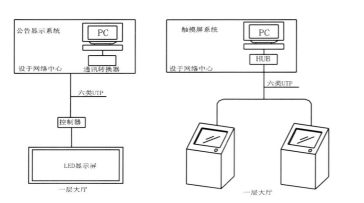

图 4 LED 公告显示及信息查询系统

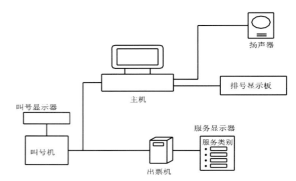

图 5 电子排号系统

重要医疗设备的运行状态监测和工作状态信息采集。系统以综合布线为数据传输平台，系统专用主服务器设于医院中心机房，在放射科、核医学科等主要设备科室配置管理控制器，管理控制器可通过信息核对、身份确认等手段将诊疗设备采集到的信息传送到主服务器。

3.5 公共安全系统

公共安全系统包括视频安防监控系统、出入口控制系统等子系统。系统主机设于1层安防控制室，系统通过网络可与医院监控中心联网。门诊楼安防系统如图6所示。

视频监控系统：根据医院的视频监控系统扩展及控制要求，本项目采用全数字视频监控系统。数字监控主机设于1层监控室，采用集中供电方式。摄像机采用高清数字摄像机，视频传输线采用UTP6，各楼层设置视频网络交换机。

监控范围主要包括建筑各主要出入口室外公共场所、各楼层出入口、走道、电梯厅、电梯轿厢、配电室、弱电机房、收费处、药房、病案室以及抢救室等，根据安装和使用要求分别采用半球摄像机、高速快球摄像机、枪式摄像机等终端设备，电梯则采用电梯专用摄像机。

出入口控制系统：采用总线控制方式，主机设于一层监控室。在产房、手术室、药房、血库、收费、重要设备机房等处设置出入口控制装置，通过权限管理实现相关场所的出入控制。

3.6 呼叫信号系统

呼叫信号系统包括候诊呼叫系统、护理呼叫系统等子系统。候诊呼叫系统：在地下1层核医学科、1层收费、取药、候药大厅等处及1~10层门诊各科室设置候诊呼叫系统。

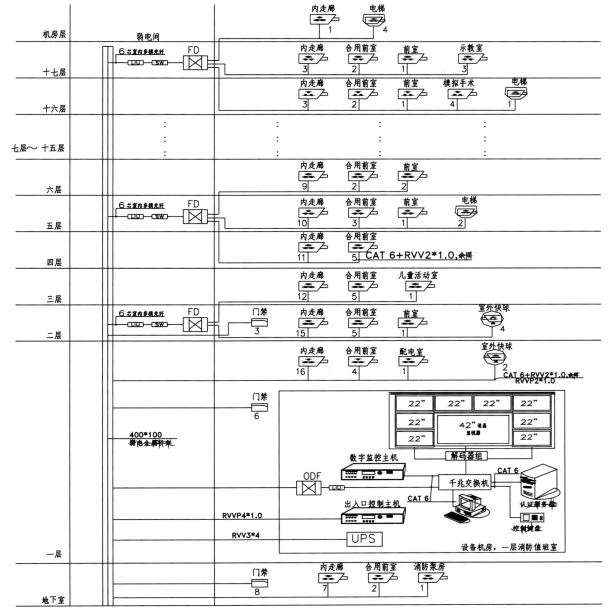

图 6 门诊楼安防系统示意
Fig. 6 The clinic building security systems to indicate their wish

系统由触摸屏排号机、挂号收费主机、分诊台主机、诊室分机、信息显示屏等组成。分诊台主机设于各科室护士站（或服务台），各诊室设置诊室分机，诊室外候诊区设置呼叫扬声器和呼叫显示屏。各诊区可直接控制本诊区的叫号、显示系统，并控制语音叫号及号票打印。系统采用总线控制方式，可以实现挂号、分诊、排队、就诊、化验检查、划价收费、取药等环节的一体化管理和信息统计及数据分析，并通过综合布线网络与医疗信息系统（HIS）相连。

护理呼叫系统：在13～15层住院层设置护理呼叫系统，每个护理区域单独设置病房护理呼叫系统，系统采用总线控制方式。系统由呼叫对讲主机、分机、显示屏、显示灯、紧急呼叫分机等组成。护理呼叫主机按护理单元分设于各楼层护理单元护士站，在各病房设备带设置对讲分机，病房卫生间设置防水性紧急呼叫分机，病房室外门上设置呼叫显示灯，在护理单元走道设置双面呼叫显示屏。呼叫对讲主机和分机之间可以实现双工对讲。门诊楼护理呼叫系统如图7所示。

3.7 智能化系统集成

各智能化弱电子系统均可独立自成系统。系统集成遵循集中管理、分散控制的原则，采用开放结构和满足医院

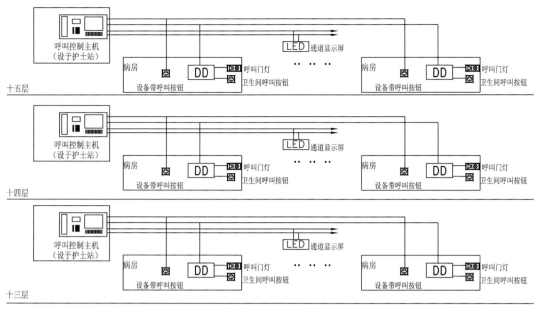

图 7　门诊楼护理呼叫系统示意
Fig. 7　The clinic building of nurse call system to indicate their wish

现有网络标准规定的接口和通信协议，通过综合布线作为数据传输和交换平台实现相互间的通信和数据交换，最终实现全院的智能化网络集成。

3.8　管线敷设

本项目外部弱电网络主干由医院中心弱电机房引出，埋地引入地下室，并接入电气间后通过金属线槽引上至设于11层的弱电机房。

弱电机房至各楼层干线系统通过交换设备及配线设备沿弱电线槽引至各层弱电间综合弱电机箱（柜）。弱电系统各楼层水平线路均通过线槽由楼层弱电间引出，再穿钢管通过吊顶接入各弱电信息点。

3.9　机房及电气管井建设

机房选址应便于管理和布线。本项目结合建筑规划将弱电机房设于11层，各楼层根据网络布线服务范围设置强电间及弱电间。为便于后期安装维护，将各楼层弱电间楼面抬高100mm，各层预留系统竖向管线的安装孔洞，设备安装就位后各层孔洞均做防火封堵。

机房照明采用T5管3×28W格栅荧光灯，机房照度不低于500lx，部分灯具设置自充式蓄电池作为备用照明电源，保证应急备用照明照度不低于50lx。

机房配电由低压配电室两路电源放射引入，机房内设置双电源切换箱。机房内照明、设备配电、空调配电均分项配置。机房弱电系统设备配电按系统容量单独配置在线式UPS。UPS容量按系统实际安装容量的1.5倍配置，并具备旁路强制切换功能。

弱电机房接地采用单点接地和多点接地相结合的S型与M型混合式接地方式。机房内设置接地端子箱，端子箱采用BVR-1X50 穿SC25管埋设引下和基础接地网联结。在机房架空地板下按设备布置设置600×600 的接地网格形成一个等电位接地平面，接地网格采用100×0.5的铜箔，网格连结点采用铜栓挤压连结以保证连结可靠性。机房弱电设备信号接地均采用柔性扁铜编织带和接地网格单独就近连结。

各弱电系统进出建筑物及在建筑物雷击防护区交界处的传输线路均设置SPD电涌保护器，各弱电系统配电设备根据场所设置相应等级的SPD电涌保护器。

弱电系统接地采用联合接地，强弱电共用接地装置。各楼层弱电间内设置LEB端子箱，采用垂直敷设的40×4热镀锌扁钢作为电气间内弱电设备专用接地线，联结各LEB端子箱并引下与基础接地网连结。

弱电机房设置防静电架空地板，机房土建结构降板300mm，地面刷防尘漆，以满足架空地板安装及后期空调系统使用要求。机房墙面、顶棚需按运行电磁环境要求做好电磁屏蔽处理。管线进出机房处均应做好防火封堵。

4　结语

医疗建筑智能化系统设计的要点在于把握项目的医务运作流程，明确系统的规模、构成及扩展预期。在系统机房及弱电间配置、系统构架、设备及线缆选型等方面应依据医院的类别、等级及使用要求，结合系统的运行、使用特点优化设置智能化弱电系统，以满足系统安全、可靠、高速、经济、合理并具可扩展性的特性要求。

医疗建筑智能化系统涉及的各专业系统分类多，管线复杂，对土建及机电施工的配合度要求高，需特别注意机房、弱电间及管线路由的设计，专业间需积极协调配合。对管线交叉密集、层高有明确要求的地方各专业要配合做管线碰撞设计测试，并对存在的问题及时作出适度调整，以满足后期设备管线的安装、施工配合，提高设计完成度和工程建设水平。

完善的弱电系统配置，可为医疗建筑的信息化、智能化提供了可靠的硬件系统保证。随着科技发展，工业4.0、互联网+、视联网等新技术不断出现，相信医疗建筑必将随着新技术、新产品的应用而变得更加智能、更加人性，能更好地服务大众。

参考文献

[1] 马孝民，宋晓梅. 把控医院电气设计的"特殊点". 中国医院建筑与设备，2011（11）：34-37.

[2] 中国建筑设计研究院，全国智能建筑技术情报网. 医院建筑电气设计［M］. 北京：中国建筑工业出版社，2011.

[3] 汪国柱. 医院智能化工程设计环节控制与问题［J］. 中国医院建筑与设备，2012，13（2）：91-92.

[4] 徐洪斌. 数字化医院系统工程［M］. 南京：东南大学出版社，2013.

[5] 王云峰，李春东，罗进. 绿色医院建筑中的电气设计实例浅析［J］. 智能建筑电气技术，2010，4（3）：56-59.

[6] 文桂萍. 医院门诊住院楼智能化系统的研究与设计［D］. 广西：广西大学，2006.

[7] 张新房. 图说建筑智能化系统［M］. 北京：中国电力出版社，2009.

[8] 杨维迅. 关于建筑中智能系统集成的思考［J］. 智能建筑电气技术，2007（2）：52-54.

基于A²/O工艺的给排水污水处理优化试验
STUDY ON SEWAGE TREATMENT IN WATER SUPPLY AND DRAINAGE

呼书杰
HU Shujie

摘 要：针对传统污水处理厂对氨氮、CODCr（化学需氧量）和总磷去除率不达标的问题，进行了A²/O工艺小试试验优化研究。分别对回流比、好氧池溶解氧和碱度进行优化，并对优化工艺后氨氮、CODCr（化学需氧量）和总磷去除率进行观察。结果表明：最佳混合液回流比为200%，最佳好氧池溶解氧DO浓度为2.5mg/L；污水处理厂需要的碱度为497.02mg/L。在最佳工艺条件下，对CODCr和总磷进行去除后，满足GB18918—2002的一级A标准要求。氨氮去除还需要进一步对系统工艺进行优化。

关键词：给水排水；污水处理；去除率；工艺优化

Abstract: Aiming at the problem that the removal rates of ammonia nitrogen, CODcr (chemical oxygen demand) and total phosphorus in traditional sewage treatment plants are not up to standard, the small-scale test optimization of A2/O process was carried out. The reflux ratio, dissolved oxygen and alkalinity of aerobic tank were optimized respectively, and the removal rates of ammonia nitrogen, CODcr (chemical oxygen demand) and total phosphorus were observed after the optimized process. The results show that the best reflux ratio of mixed solution is 200%, and the best dissolved oxygen DO concentration in aerobic tank is 2.5mg/l; The alkalinity required by the sewage treatment plant is 497.02mg/l; Under this process, the effluent CODcr concentration, total phosphorus concentration and ammonia nitrogen concentration are 28.37～47.03, 0.34～0.54mg/l and 9.06mg/l respectively. The treated CODcr concentration and total phosphorus concentration meet the requirements of class I a standard in the discharge standard of pollutants for urban sewage treatment plants (GB18918-2002). Ammonia nitrogen removal also needs to further optimize the system process.

Key words: Water supply and drainage; Sewage treatment; Removal rate; Process optimization;

随着我国经济的迅猛发展，人民群众的环保意识也在逐年加强，水资源的保护已经成了广泛关注的问题。污水排放是目前水资源污染最主要的因素，对污水进行处理后再排放是防治水污染最主要的一种方式。但目前我国对给水排水系统中污水处理问题研究还存在一定局限性，对污水处理系统的完善是目前较为急迫的研究课题。对此，我国很多学者也进行了一系列研究，如吴占全[1]分析了集中式给排水管理在环境净化管理中的作用，深入探讨了对应的集中式给排水管理方法；樊昆[2]研究了吸附—络合—沉降同步去污工艺对污水处理厂的优化效果，达到同步去除SS、氰化物、硬度的目的。以上学者的研究为污水处理厂的工艺优化提供了一些参考，但并没有实际解决氨氮、CODCr（化学需氧量）和总磷去除率不达标的问题。基于此，本文以A²/O工艺小试试验进行优化研究，为污水处理厂工艺优化提供一些数据参考。

1 实验部分

1.1 试验装置

本试验研究的A²/O工艺试验装置主要由厌氧池、缺氧池和好氧池构成，三个氧池容积比为1∶2∶5。用单点蠕动泵以0.021m³/h的流量进水。污水经流路线为：厌氧池前段→缺氧区→好氧区→二沉池→出水。污水进入后，打开厌氧区和好氧区搅拌器，设置转速48r/min，使如污泥始终保持悬浮状态。用空气泵控制好氧区曝气头，调节曝气量，控制DO（溶解氧）浓度。研究采用的反应器为厚度1cm，尺寸为950mm×50mm×54mm的有机玻璃，反应器容积、有效水深和有效容积分别为256.6L、480mm和228.0L。试验装置平面图和示意图分别见图1、图2。

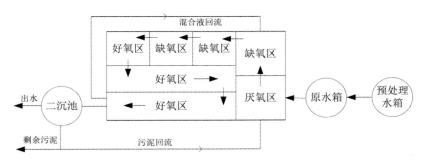

图 1 试验装置平面图
Fig. 1 Plan of test device

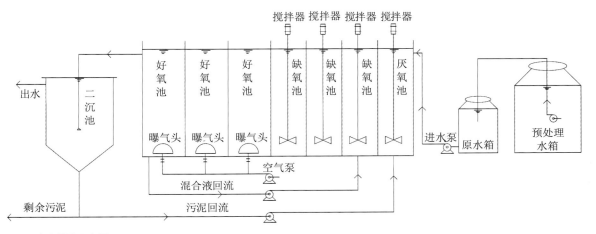

图 2 试验装置示意图
Fig. 2 Schematic diagram of test device

1.2 试验过程

取某污水处理厂活性污泥混合液100L，用50目×50目滤网进行过滤，然后静置24h。待其沉淀后，将上层清液排放，放入试验装置内，然后加入设计水深一半水闷曝1d。对上清液进行排放，再次加水曝气，重复操作一周后，污泥浓度达到1500mg/L，可连续培养。进水量缓慢加至设计水量，污泥回流比为50%，混合液回流比为100%，连续进出水和回流，系统排出污泥。一段时间后，污泥增加至4000mg/L后，SV30先上升，然后下降，最后基本稳定在25%~30%，此时污泥沉降性能较好，基本完成对污泥的培养，为污泥驯化做好准备工作。

1.3 工艺优化

1.3.1 混合液回流比对系统运行效果影响

混合液回流比对污水处理过程中发生的反应产生重要影响，若混合液回流比较小，对进入缺氧区硝酸盐氮负荷有一定降低作用，进而削弱了反硝化脱氮和除磷性能，使得脱氮效果变差[3-4]。当混合液回流比较大，回流液携带的溶解氧对缺氧环境有一定破坏作用，虽然在一定程度上增加了系统脱氮效率，但对污水厂能耗和运行费用有所提高。研究混合液回流比对系统运行效果的影响，运行条件见表1。

表1 混合液回流比运行条件
Tab.1 Operating conditions of reflux ratio of mixed liquid

条件	水温(℃)	pH	C/N	污水回流比(%)	MLSS(mg/L)	水力停留时间(h)			污泥龄(d)	溶解氧(mg/L)		混合液回流比(%)
						厌氧池	缺氧池	好氧池		好氧池	厌氧池	
参数	25~27	7.36~7.93	5	100	4000	1.28	2.75	6.89	15	2.5	0.2	150
												200
												250

1.3.2 好氧池DO（溶解氧）浓度对系统运行效果影响

溶解氧是城市污水处理过程中较为重要的影响因素。对硝化反应、反硝化反应和污水处理厂运行能耗都产生较大的影响。当DO浓度较高时，污泥活性较高，微生物代比较旺盛，此时有机物去除效率较快。在活性污泥中，硝化细菌含量约为5%，且这些细菌位于生物絮凝体内部。此时，DO浓度越高，生物絮凝体穿透能力也越高，硝化反应速率也越高[5-6]。为探究好氧池DO对系统运行效果的影响，固定其余条件不变，混合回流比为200%，好氧池溶解氧分别为 DO=2mg/L、DO=2.5mg/L 和 DO=3mg/L 进行试验研究。

2 结果与讨论

2.1 工艺参数的优化

2.1.1 混合液回流优化

图3、图4、图5分别为混合液回流比对CODCr（化学需氧量）、氨氮和总磷去除效果的影响。由图知，总磷去除率随混合液回流比的增加表现出先增加后降低的趋势。这是因为过高的回流比导致磷酸盐在好氧区内停留时间较短，对聚磷菌的吸磷效果产生影响，进而对除磷效果产生影响[7]。综合考虑，适合的混合液回流比为200%。

2.1.2 好氧池DO浓度优化

图6、图7、图8分别为不同好氧池DO浓度下CODCr、氨氮和总磷去除效果图。结合图6、图7和图8可知，DO浓度主要对氨氮和总磷去除率造成影响。这是因为硝化菌的硝化反应去除氨氮，当DO较低时，硝化细菌的生长受到抑制，这就使得脱氮效果受到影响[8]。同时，合适的溶解氧浓度可以保持微生物的最佳活性，提供足够的能量给聚磷菌吸磷。综合考虑，适合本系统好氧池DO浓度为2.5mg/L。

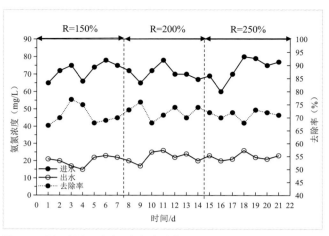

图4 不同混合液回流比下氨氮去除效果图
Fig. 4 Ammonia nitrogen removal effect under different reflux ratio of mixed solution

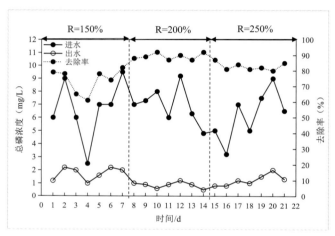

图5 不同混合液回流比下总磷去除效果图
Fig. 5 Total phosphorus removal effect under different reflux ratio of mixed solution

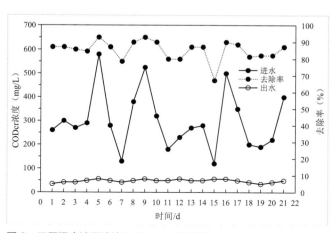

图3 不同混合液回流比下CODCr去除效果图
Fig. 3 CODCr removal effect under different mixed liquid reflux ratio

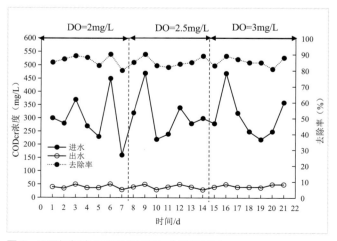

图6 不同好氧池DO下CODCr去除效果图
Fig. 6 Removal effect of CODCr under different aerobic tank do

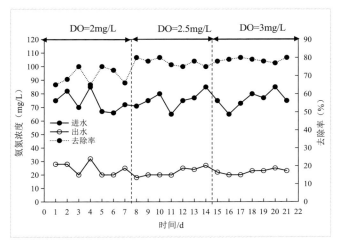

图 7 不同好氧池 DO 下氨氮去除效果图
Fig. 7 Ammonia nitrogen removal effect under do in different aerobic tanks

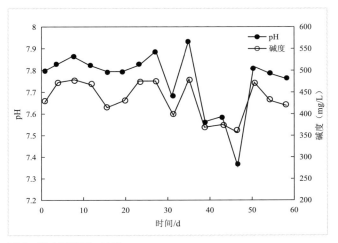

图 9 进水碱度和 pH 值
Fig. 9 Influent alkalinity and pH value

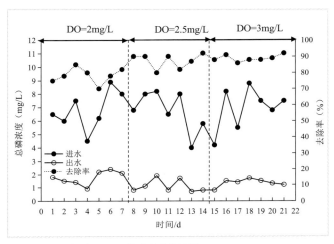

图 8 不同好氧池 DO 下总磷去除效果图
Fig. 8 removal effect of total phosphorus under do in different aerobic tanks

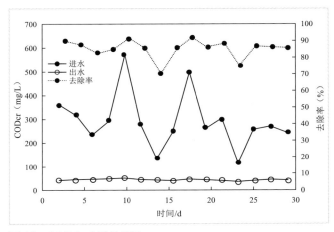

图 10 CODCr 去除效果图
Fig.10 CODCr removal effect

2.1.3 pH 和碱度优化

碱度和pH主要对微生物的活性产生影响，通过控制微生物反应速率，进而影响微生物的脱氮效果[9]。图9为经过处理后，进水碱度与pH的变化趋势。由图知，进水pH值变化范围为7.3~7.9，进水碱度（以 $CaCO_3$ 计）在 360~482mg/L 范围内出现变化，通过计算，污水处理厂需要的碱度约为 497.02mg/L。

2.2 工艺优化后效果分析

2.2.1 CODCr 去除效果分析

图10为CODCr去除效果图。由图10可知，CODCr去除率超过85%，达到《城镇污水处理厂污染物排放标准》GB 18918—2002的一级 A 标准要求[10]。

2.2.2 氨氮去除效果分析

图11为氨氮去除效果图。由图11可知，进水氨氮浓度和处理后出水氨氮浓度分别为72.09mg/L和9.06mg/L，

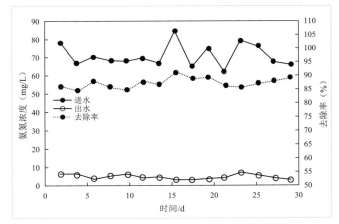

图 11 氨氮去除效果图
Fig. 11 Ammonia nitrogen removal effect

达不到《城镇污水处理厂污染物排放标准》的一级 A 标准要求，还需要对该污水处理厂工艺进一步优化。

2.2.3 总氮去除效果分析

图12为总氮去除效果图。由图12可知，进水总磷浓

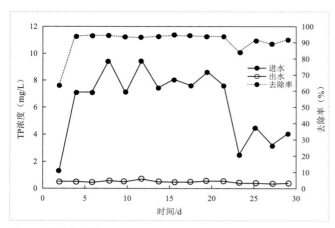

图12 总磷去除效果图
Fig. 12 Total phosphorus removal effect

度和处理后出水总磷浓度基本达到《城镇污水处理厂污染物排放标准》的一级A标准要求[10]。

3 结论

本文以某污水处理厂为主要研究对象，以$CODCr$、氨氮和总磷去除率为指标，对其处理工艺进行优化。并研究了优化工艺后，该污水处理厂对三个指标的去除效果，具体结论如下。

1）混合液回流主要影响总磷去除率，混合液最佳回流比为200%。

2）DO主要对氨氮和总磷去除率产生影响。DO最佳浓度为2.5mg/L。

3）进水pH值在7.36～7.93范围内出现小幅度变化，进水碱度（以$CaCO_3$计）在359.64～482.09mg/L范围内出现变化，计算得到污水处理厂需要的碱度约为497.02mg/L。

4）工艺优化后，出水$CODCr$浓度和总磷浓度满足《城镇污水处理厂污染物排放标准》要求。出水氨氮则还需要进一步对系统工艺进行优化。

参考文献

[1] 吴占全. 集中式给排水对环境除污治理作用的探讨[J]. 皮革制作与环保科技, 2020, 1（Z1）: 56-60.

[2] 樊昆, 张倩, 李孟, 等. 吸附—络合同步去污工艺预处理冶金焦化废水研究[J]. 给水排水, 2020, 56（S1）: 756-760.

[3] 李加莲, 池宏. 基于煤矿透水事故应急响应时效性的水泵布局鲁棒优选问题研究[J]. 中国管理科学, 2021, 29（7）: 192-201.

[4] 汪瑞峰. 基于WebGIS的雨污合流排水溢流污染去除方法研究[J]. 环境科学与管理, 2020, 45（1）: 95-100.

[5] 宋雪飞, 张迎颖, 恽台红, 等. 应用于农村支浜原位修复的生态浮床净化效果研究[J]. 南京农业大学学报, 2020, 43（3）: 477-484.

[6] 屠书荣, 朱孟君, 曾嵩, 等. 一种阶梯式复合渗滤系统的设计及应用研究[J]. 重庆交通大学学报（自然科学版）, 2020, 39（5）: 103-107, 129.

[7] 张周, 江臣礼, 张炜, 等. 垃圾渗滤液短程硝化反硝化脱氮试验研究[J]. 安全与环境学报, 2020, 20（3）: 1083-1089.

[8] 刘晓静, 刘晓晓, 汪佳慧, 等. 氧化深塘和潜流湿地组合技术在农村河道水质净化应用[J]. 环境工程学报, 2019, 13（7）: 1759-1765.

[9] 许浩浩, 吕伟娅. 提高人工湿地污染物净化效果的关键技术研究进展[J]. 人民珠江, 2019, 40（7）: 97-102.

[10] 李定强, 刘嘉华, 袁再健, 等. 城市低影响开发面源污染治理措施研究进展与展望[J]. 生态环境学报, 2019, 28（10）: 2110-2118.

喀什地区某医院儿科业务用房的消能减震设计
ENERGY DISSIPATION DESIGN AND ANALYSIS OF THE HOSPITAL PEDIATRIC BUSINESS PREMISES IN KASHGAR

何熹　黄俊　杨剑维　邹恩葵
He Xi　Huang Jun　Yang Jianwei　Zou Enkui

摘　要： 本文对处地震高烈度区的喀什地区第一人民医院儿科业务用房进行了消能减震设计，采用粘滞阻尼器的消能减震设计方案，进行了结构非线性时程分析。分析结果表明，该消能减震结构在多遇地震作用下的层间位移能满足《建筑抗震设计规范》（2016年版）要求，在罕遇地震作用下具有更高的安全储备，表现出良好的抗震性能。希望本文能够为高烈度地震区类似结构的设计提供一定的参考和借鉴。

关键词： 消能减震设计；粘滞阻尼器；时程分析；框架结构

Abstract : The vibration energy dissipation design of First People's Hospital of Pediatrics business premises with fluid viscous dampers in Kashgar Prefecture which is in high seismic intensity area is introduced. The structures with viscous dampers adopts nonlinear time history analysis.The analytical results show that the story drift of the energy dissipation structure under common earthquake meet " Code for seismic design of buildings",with higher safety reserves under rare earthquake.The structure showed good seismic performance. The author of this article seeks to help similar structure designed for high seismic intensity area and offers some references.

Key words: vibration energy dissipation design;fluid viscous damper;time history analysis;Frame Structure

1　引言

消能减震设计是指在房屋结构中设置消能器，通过消能器的相对变形和相对速度提供附加阻尼，以消耗输入结构的地震能量，达到预期防震减震要求，是一种积极、有效经济的结构抗震手段[1-3]。

近年来，随着建筑工程减震隔震技术研究不断深入，我国部分高烈度地震区开展了工程应用工作，一些应用了减隔震技术的工程经受住了汶川、芦山等地震的实际考验，产生了良好的社会效益[4]。

本文以喀什地区第一人民医院儿科业务用房为工程实例，探讨了消能减震技术在实际工程中的应用与设计。

2　工程概况

本工程项目为喀什地区第一人民医院东城区新院区儿科业务用房，为混凝土框架结构，建筑抗震设防烈度为8度（0.3g），场地类别Ⅱ类，设计地震分组为第三组工程，设计使用年限为50年，建筑效果图如图1所示。整个儿科业务用房分为A、B、C、D4个区，A区结构总高为13.5m共3层，B区结构总高为25.5m共6层，C区结构总高为25.5m共6层，D区结构总高为8.9m共2层。

根据新疆维吾尔自治区的有关要求，凡位于抗震设防烈度8度（含8度）以上地震高烈度区新建3层（含3层）以上学校、幼儿园、医院等人员密集公共建筑，应当优先采用减隔震技术进行设计。因此对医院的A区、B区、C区分别进行消能减震设计，以便进一步提高建筑物的可靠性和安全性。鉴于本文篇幅有限，本文仅对B区的消能减震设计进行探讨。

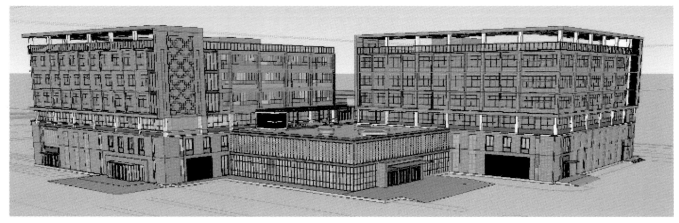

图 1　喀什地区第一人民医院儿科业务用房效果图
Fig.1　Kashgar First People's Hospital of Pediatrics business houses renderings

3　消能减震设计基本流程

常规结构设计和结构的地震反应谱分析采用PKPM系列软件，多遇地震下的弹性时程分析采用ETABS软件。根据《建筑抗震设计规范》（2016年版）GB 50011—2010 5.5.2条文规定，采用消能减震设计的结构还应进行罕遇地震作用下的动力弹塑性分析，选用MIDAS GEN软件做消能减震结构的动力弹塑性分析。模型之间的相互转换采用YJK软件，数据处理主要采用EXCEL软件。消能减震设计的基本流程如图2所示。

4　前期准备

综合考虑建筑使用功能、结构抗震要求和多次循环优化计算结果，决定在喀什地区第一人民医院儿科业务用房B区的减震设计中，1~4层共安装57个黏滞阻尼器（型号吨位一致）。本工程实际所选用的阻尼器规格和数量详见表1所列。黏滞阻尼器及支撑立面样式，阻尼器标准层平面布置位置见图3、图4所示。B区所设定的附加阻尼比目标为10%。

5　弹性时程分析

5.1　模型与工况

根据《建筑抗震设计规范》5.1.2条规定，本工程实际选取5条强震记录和2条人工模拟加速度时程进行弹性时程分析[5]。基底剪力对比结果如表2所示，7条时程曲线的加速度反应谱如图5所示。每条时程计算的结构底部剪力不应小于振型分解反应谱计算结果的65%，多条时程计算的结构底部剪力的平均值不应小于振型分解反应谱法计算结果的80%，同时各时程平均反应谱与规范反应谱较为接近（结构基本周期处）。

建立加阻尼器结构ETABS模型（图6），选取的上述七条地震波在X、Y两个方向上加载进行弹性时程分析，调整地震波的峰值加速度为多遇地震下8度（0.3g）的 110cm/s^2。弹性时程分析采用软件所提供的快速非线性

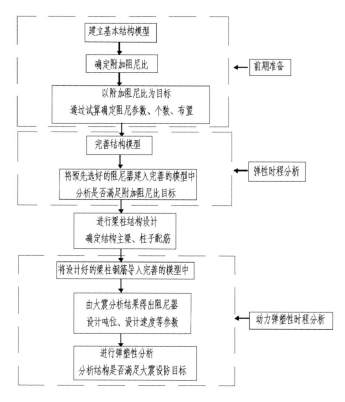

图 2　消能减震设计的基本流程
Fig.2　The basic process of Seismic Energy Dissipation Design

表1 附加黏滞阻尼器的布置方案及设计参数

Table.1 Layout scheme and design parameters of Supplemental Viscous Dampers

层号	层高 m	阻尼器配置方案		阻尼器设计参数	
		X向	Y向	黏滞系数 C_v kN·(mm/s)$^{-\alpha}$	阻尼指数 α
4	4.00	6个	6个	150	0.3
3	4.50	6个	7个	150	0.3
2	4.00	8个	8个	150	0.3
1	5.00	8个	8个	150	0.3

图3 黏滞阻尼器及支撑立面样式

Fig.3 Viscous dampers and supporting facade style

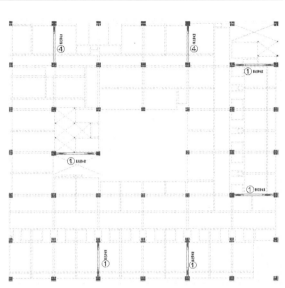

图4 B区标准层阻尼器布置图

Fig.4 Area B standard layer damper layout

表2 原结构模型（阻尼比5%）反应谱与时程工况的基底剪力对比

Table.2 Compare the response spectrum of original structure base shear model(Damping ratio:5%) and time history of working conditions

工况		反应谱	AW-1	AW-2	TRZ	LAD	EUR	ELC	NGA	平均值
基底剪力 (kN)	X向	21726	16204	19252	27523	18269	14801	22678	18278	19572
	Y向	21633	16267	19605	27661	18399	14811	23027	18033	19686
比例（%）	X向	100	74.58	88.61	126.68	84.09	68.12	104.38	84.13	90.08
	Y向	100	75.19	90.62	127.86	85.05	68.46	106.44	83.36	91.00

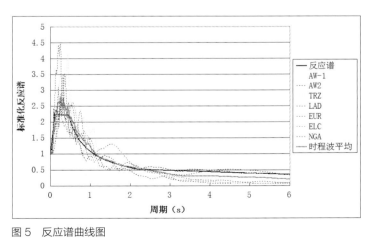

图5 反应谱曲线图

Fig.5 response spectrum curve

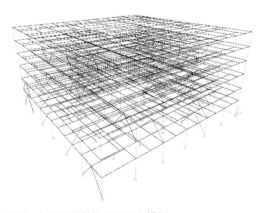

图6 加阻尼器结构 ETABS 模型

Fig.6 The ETABS structure model of damper

分析（FNA）方法，（即只考虑阻尼器的非线性、结构本身假设为线性），并进行多次分析迭代。进行结构减震前后的层间剪力及层间位移角对比、阻尼器在多遇地震下的实际等效附加阻尼比计算和滞回耗能分析等。

5.2 分析结果

为便于分析比较，将分析结构分为如下两种结构状态：结构1（ST0）为不设阻尼器的主体结构；结构2（ST1）为增设阻尼器后的主体结构。由表3、表4可见消能减震结构（ST1）在多遇地震作用下的层间剪力和层间位移角明显优于原结构（ST0），这说明结构附加黏滞阻尼器减震之后的抗震性能获得大幅提高。

表3 8度多遇地震作用下ST0与ST1层间剪力对比
Table.3 8 degrees frequent earthquake layer Shear contrast between ST0 and ST1

层号	ST0 楼层剪力平均值（kN）	ST1 楼层剪力平均值（kN）	比值
X向			
F6	5254	3512	0.67
F5	10352	6518	0.63
F4	14021	9443	0.67
F3	16697	9689	0.58
F2	18055	11454	0.63
F1	19572	12284	0.63
Y向			
F6	5268	3532	0.67
F5	10355	6286	0.61
F4	13995	8401	0.60
F3	16677	9562	0.57
F2	17999	10879	0.60
F1	19686	11834	0.60

表4 8度多遇地震作用下ST0与ST1层间位移角对比
Table.4 8 degrees frequent earthquake layer Displacement angle contrast between ST0 and ST1

层号	ST0 层间位移角平均值（rad）	ST1 层间位移角平均值（rad）	比值
X向			
F6	1/1348	1/2093	0.64
F5	1/779	1/1269	0.61
F4	1/581	1/1021	0.57
F3	1/488	1/942	0.52
F2	1/538	1/1053	0.51
F1	1/666	1/1354	0.49
Y向			
F6	1/1318	1/1906	0.69
F5	1/769	1/1169	0.66
F4	1/576	1/936	0.62
F3	1/490	1/858	0.57
F2	1/547	1/931	0.59
F1	1/678	1/1155	0.59

黏滞阻尼器附加给结构的等效阻尼比ξ_a可按公式（1）验算：

$$\xi_a = \sum_j W_{cj} / (4\pi W_s) \qquad 公式（1）$$

ξ_a为黏滞消能部件附加给结构的实际等效阻尼比；W_{cj}为第j层消能部件在结构预期位移下往复一周所消耗的能量；W_s为设置消能部件的结构在预期位移下的总变形能。相应的7条时程波作用下的等效附加阻尼比计算结果见表5。

综合7条时程波计算结果的等效附加阻尼比平均值为：X向12.76%和Y向12.76%在结构中设置阻尼器能够增加结构的阻尼，从而减小结构的地震响应，在实际设计中通常附加阻尼比来考虑减震效果。图7给出了结构在8度（0.3g）多遇地震作用下，有阻尼器ETABS模型和15%阻尼PKPM模型在X向和Y向的楼层剪力对比。在建筑抗震

表5 各条地震波消能器附加的阻尼比
Table.5 Seismic dampers additional pieces of damping ratio

地震波工况		AW-1	AW-2	TRZ	LAD	EUR	ELC	NGA	平均值
阻尼比（%）	X向	13.32	11.81	12.16	14.81	12.83	12.24	12.13	12.76
	Y向	13.15	11.76	12.28	14.98	12.75	12.39	12.03	12.76

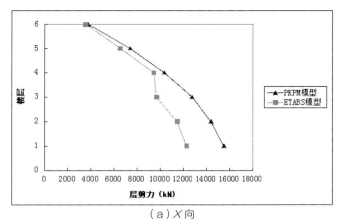
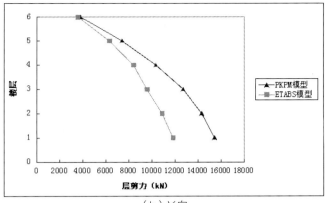

(a) X 向　　　　　　　　　　　　　　(b) Y 向

图 7　ETABS 模型和 15% 阻尼 PKPM 模型楼层剪力对比
Fig.7 comparison the shear between ETABS and 15% damping PKPM floor model

设防烈度8度（0.3g）多遇地震作用下，设置阻尼器的结构楼层剪力均小于原结构15%阻尼比时楼层剪力。所以，在实际设计中可采用附加阻尼比来考虑减震效果。

6　弹塑性时程分析

6.1　模型与工况

采用Midas/Gen软件对本工程消能减震结构进行罕遇地震作用下的动力弹塑性分析，为提高计算效率，动力弹塑性模型相对于弹性分析模型有所简化。分析模型中框架梁的塑性铰采用M_y方向的弯曲铰，滞回模型采用修正的武田三折线模型。框架柱的塑性铰采用PMM铰，滞回模型采用随动硬化模型。模型见图8。

按罕遇设置地震波峰值加速度，对应为510cm/s²，并按X单向和Y单向分别输入3条地震波AW-2、LAD、NGA，3条时程波均满足《建筑抗震设计规范》（2016版）的规定要求。

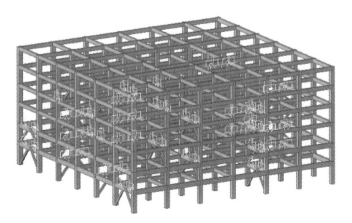

图 8　MIDAS 模型
Fig.8　The model of MIDAS

6.2　分析结果

因为本文篇幅有限，仅选择AW-2波的结果进行分析。AW-2地震波工况下对应的结构层间位移角及层剪力如表6所示，结构层间位移角均小于1/50的弹塑性位移角限值，且有较大余量，说明本消能减震框架结构抗震性能良好，体现了消能减震结构的优势。

结构中所附加的黏滞阻尼器在罕遇地震作用下的出力最大为763kN，对应的最大位移为26mm，由此确定该黏滞阻尼器产品的设计参数，见表7。对于本工程实际所采用的黏滞阻尼器选取依据《建筑消能减震技术规程》JGJ 297—2013和《建筑消能阻尼器》JG/T 209—2012的有关规定执行。

表6　AW-2 波罕遇地震情况下结构层间位移角及层剪力
Table.6 AW-2 waves rarely occurred under seismic conditions between Inter-story displacement angle and layer shear

层号	X 向		Y 向	
	层剪力（kN）	层位移角	层剪力（kN）	层位移角
F6	11389	1/408	10235	1/431
F5	16910	1/274	16994	1/271
F4	20773	1/221	21031	1/222
F3	25495	1/162	24190	1/170
F2	30253	1/156	29846	1/160
F1	33372	1/228	33431	1/224

表7　本工程中所用黏滞阻尼器产品的设计参数
Table.7 The parameters of viscous damper product design In this project

阻尼系数 C [kN·(mm/s)$^{-\alpha}$]	150	阻尼指数 α	0.3
设计吨位（kN）		900	
设计位移（mm）		40	
设计速度（mm/s）		400	

各结构单元AW2波的结构塑性铰如图9、图10所示。由出铰情况可以看出,大部分的框架梁和部分框架柱均出现了塑性铰,其中框架梁多数出现第二屈服阶段的塑性铰;框架柱出现的塑性铰多数为第一阶段屈服,实际施工图设计时将对这些位置的构件配筋进行有针对性的加强,总体来看结构塑性铰开展情况符合抗震概念设计和结构设计要求。

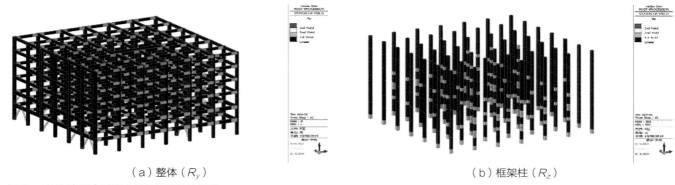

图9　AW2波 X 向时程分析结构塑性铰情况

Fig.9 AW2-waves Time history analysis of the structure of plastic hinges situation of direction X

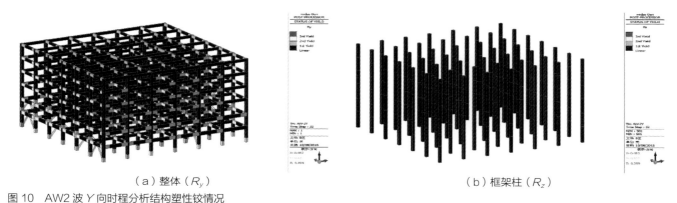

图10　AW2波 Y 向时程分析结构塑性铰情况

Fig.10 AW2-waves Time history analysis of the structure of plastic hinges situation of direction Y

7　结论与建议

设置黏滞阻尼器的消能减震结构在多遇地震作用下,从对普通结构和减震结构层位移角和层间剪力的对比、阻尼器支撑的验算、减震结构附加阻尼比分析可知,结构进行减震设计后主体结构部分的抗震安全性有明显提高,消能减震设计方案是可行有效的。

设置黏滞阻尼器的消能减震结构在罕遇地震作用下,从结构的层间位移角、塑性铰开展状态、阻尼器工作状态可知,减震结构的抗震性能良好,可以满足结构抗震设防目标的要求。

笔者在消能减震设计中的一些心得如下。

1)阻尼器设置的位置应与建筑专业多沟通,在保证安全的前提下,减少对建筑空间的影响。

2)目前条件下,动力弹塑性分析一次计算所耗时是非常长的,需要进行充分的准备,保证不出差错,预留足充分时间。同时根据《建筑抗震设计规范》(2016年版)条文3.10.4,用于动力弹塑性分析的模型可相对于弹性分析的模型有所简化,以便提高计算速度。

3)消能减震设计涉及多种软件,应对多种软件进行了解。转换之后的模型应注重其准确性。

喀什地区第一人民医院儿科业务用房位于地震高烈度区,按传统抗震设计方法,一般采用框架-抗震墙结构体系,结构主要构件(梁、柱、剪力墙等)的截面尺寸很大、配筋过多,工程造价较高,且建筑使用功能将受到明显的限制;结构加强后,其刚度将大幅度增加,导致在地震中所吸收的地震能量也将大幅度增加,这些地震能量将主要由结构构件的弹塑性变形来耗散,其结果是结构在大震中严重损伤或倒塌。本文采用粘滞阻尼器消能代替抗震墙,以提高结构的附加阻尼代替提高结构的抗侧刚度,不但可达到控制结构在小震作用下层间位移的目的,而且消能支撑结构在大震作用下具有更好的结构性能,减小了主要受力构件的截面尺寸和配筋,增加了建筑物的使用面积,能获得较为理想的技术经济效益。

参考文献

[1] 周福霖. 工程结构减震控制[M]. 北京:地震出版社,1997.

[2] JSSI. 被动减震结构设计·施工手册(第二版)[M]. 蒋通,译. 北京:中国建筑工业出版,2008.

[3] 周云. 粘滞阻尼减震结构设计理论及应用[M]. 武汉:武汉理工出版社,2006.

[4] 王曙光,叶正强,丁幼亮. 某综合办公楼采用黏滞阻尼器的消能减震设[J]. 建筑结构,2004,34(10):21-23.

[5] 中国建筑科学研究院. 建筑抗震设计规范(2016年版):GB 50011—2010[S]. 北京:中国建筑工业出版社,2016.

图书在版编目（CIP）数据

当代医疗建筑实践 / 广东省城乡规划设计研究院科技集团股份有限公司，广东省智慧医院工程技术研究中心编著. -- 北京：中国建筑工业出版社，2024.12.
ISBN 978-7-112-30602-2

Ⅰ. TU246.1

中国国家版本馆 CIP 数据核字第 2024MP5404 号

责任编辑：徐　冉　刘　丹　赵　赫
书籍设计：锋尚设计
责任校对：赵　力

当代医疗建筑实践

广东省城乡规划设计研究院科技集团股份有限公司
广东省智慧医院工程技术研究中心　编著

*

中国建筑工业出版社出版、发行（北京海淀三里河路9号）
各地新华书店、建筑书店经销
北京锋尚制版有限公司制版
北京富诚彩色印刷有限公司印刷

*

开本：880毫米×1230毫米　1/16　印张：15¼　字数：537千字
2025年1月第一版　　2025年1月第一次印刷
定价：**198.00**元
ISBN 978-7-112-30602-2
（43969）

版权所有　翻印必究
如有内容及印装质量问题，请与本社读者服务中心联系
电话：（010）58337283　QQ：2885381756
（地址：北京海淀三里河路9号中国建筑工业出版社604室　邮政编码：100037）